JN035723

無線従事者
国家試験問題解答集

≪平成30年２月～令和４年２月≫

第 二 級 陸 上 特 殊 無 線 技 士
第 三 級 陸 上 特 殊 無 線 技 士

≪平成30年２月～令和５年２月≫

国内電信級陸上特殊無線技士

一般財団法人　情報通信振興会

はしがき

皆さんが特殊無線技士の資格を得ようとされるときは、総務大臣の認定を受けた養成課程を修了して免許を取得する場合を除き、「公益財団法人日本無線協会」が行っている国家試験に合格しなければなりません。

本書は、第二級、第三級及び国内電信級陸上特殊無線技士の国家試験を受験しようとする皆さんが短時間で効率的に試験勉強ができるようこれまでに出題された試験問題と解答を整理・編集したものです。

出題された試験問題を資格別、科目ごとに掲載してありますので、ご自身が受験する資格について、これらを繰り返し学習すれば自信をもって試験にのぞんでいただけるものと確信しています。

令和４年度から第二級及び第三級陸上特殊無線技士の試験の方法が同一試験問題を使用して全国統一日程で実施されていた方式からコンピュータを使用したCBT(Computer Based Testing)方式に変更され、受験者個々の都合に合わせ、希望する日時、場所で受験できるようになったことに伴い、出題内容も受験者ごとに異なることとなるため、今後、これら資格に関する試験問題の公表はされることはありません。

このため、ＣＢＴ方式の試験においても過去の出題状況を知ることが受験対策として重要となります。

過去に出題割合の多いものを繰り返し学習していただけるよう、本書ではこれまでの12回分の出題状況表を掲載していますので、試験方法の別なく本書を十分にご活用いただき、合格の栄冠を勝ち取られることを願っております。

一般財団法人　情報通信振興会

無線従事者 国家試験問題解答集

特技

（一陸特を除く陸上特技）

［目　次］

国家試験・受験ガイド

試験の実施

第二級、第三級陸上特殊無線技士：ＣＢＴ方式により年間を通して実施
国内電信級陸上特殊無線技士：２月、６月、10月（受付は２か月前の１日～20日）

試験申請については、https://www.nichimu.or.jp/　または、「日本無線協会」と検索して協会ＨＰの「無線従事者国家試験の電子申請」をご覧ください。

試験科目

資格 試験科目	第二級陸上特殊無線技士	第三級陸上特殊無線技士	国内電信級陸上特殊無線技士
無線工学	○	○	
法　規	○	○	○
電気通信術			○

電気通信術は送信と受信を合わせて１科目となります。

試験問題の形式（電気通信術を除く）　多肢選択式

試験を実施する機関　公益財団法人 日本無線協会の所在地

○本　　部　〒104-0053　東京都中央区晴海3-3-3　TEL：03-3533-6022　URL：https://www.nichimu.or.jp/
○北海道支部　〒060-0002　札幌市中央区北2条西2-26　道特会館　TEL：011-271-6060
○東 北 支 部　〒980-0014　仙台市青葉区本町3-2-26　コンヤスビル　TEL：022-265-0575
○信 越 支 部　〒380-0836　長野市南県町693-4　共栄火災ビル　TEL：026-234-1377
○北 陸 支 部　〒920-0919　金沢市南町4-55　WAKITA 金沢ビル　TEL：076-222-7121
○東 海 支 部　〒461-0011　名古屋市東区白壁3-12-13 中産連ビル新館　TEL：052-908-2589
○近 畿 支 部　〒540-0012　大阪市中央区谷町1-3-5　アンフィニィ・天満橋ビル　TEL：06-6942-0420
○中 国 支 部　〒730-0004　広島市中区東白島町20-8　川端ビル　TEL：082-227-5253
○四 国 支 部　〒790-0003　松山市三番町7-13-13　ミツネビルディング　TEL：089-946-4431
○九 州 支 部　〒860-8524　熊本市中央区辛島町6-7　いちご熊本ビル　TEL：096-356-7902
○沖 縄 支 部　〒900-0027　那覇市山下町18-26　山下市街地住宅　TEL：098-840-1816

資格別操作範囲（活躍する職場）と試験の概要

第二級陸上特殊無線技士

◎操作範囲

一　次に掲げる無線設備の外部の転換装置で電波の質に影響を及ぼさないものの技術操作

イ　受信障害対策中継放送局及びコミュニティ放送局の無線設備

ロ　陸上の無線局の空中線電力10ワット以下の無線設備（多重無線設備を除く。）で1,606.5キロヘルツから4,000キロヘルツまでの周波数の電波を使用するもの

ハ　陸上の無線局のレーダーでロに掲げるもの以外のもの

ニ　陸上の無線局で人工衛星局の中継により無線通信を行うものの空中線電力50ワット以下の多重無線設備

二　第三級陸上特殊無線技士の操作の範囲に属する操作

◎活躍する職場

タクシー、パトロールカー、各種無線サービスカーなどに設置されている陸上を移動する形態の無線局、または、VSAT（ハブ局）の無線設備を操作するための資格です。運転士、警察官、サービスマンがこの資格を所持して無線機を操作しています。

◎試験範囲

無線工学：無線設備の取扱方法（空中線系及び無線機器の機能の概念を含む。）

法　　規：電波法及びこれに基づく命令の簡略な概要

◎試験概要

試験時間：１時間

問題数・合格基準：

法　　規	問題数 /12問	満点60点（１問５点）	合格点 /40点
無線工学	問題数 /12問	満点60点（１問５点）	合格点 /40点

第三級陸上特殊無線技士

◎操作範囲

陸上の無線局の無線設備（レーダー及び人工衛星局の中継により無線通信を行う無線局の多重無線設備を除く。）で次に掲げるものの外部の転換装置で電波の質に影響を及ぼさないものの技術操作

一　空中線電力50ワット以下の無線設備で25,010キロヘルツから960メガヘルツまでの周波数の電波を使用するもの

二　空中線電力100ワット以下の無線設備で1,215メガヘルツ以上の周波数の電波を使用するもの

◎活躍する職場

タクシー無線の基地局などの無線設備が操作できる資格です。

◎試験範囲

無線工学：無線設備の取扱方法（空中線系及び無線機器の機能の概念を含む。）

法　　規：電波法及びこれに基づく命令の簡略な概要

◎試験概要

試験時間：１時間

問題数・合格基準：

法　　規　問題数 /12問　満点60点（１問５点）　合格点 /40点

無線工学　問題数 /12問　満点60点（１問５点）　合格点 /40点

国内電信級陸上特殊無線技士

◎操作範囲

陸上に開設する無線局（海岸局、海岸地球局、航空局及び航空地球局を除く。）の無線電信の国内通信のための通信操作

◎活躍する職場

国内通信を行う固定局などの無線設備の無線電信による通信操作が行える資格ですが、この資格が活躍する場は少なくなっており、現在では防衛省において回線が設定されているのが主なところです。

◎試験範囲

電気通信術：モールス電信　１分間75字の速度の和文による約３分間の手送り送信及び音響受信

法　　　規：電波法及びこれに基づく命令の簡略な概要

◎試験概要

試験時間：30分

問題数・合格基準：

法　　規　問題数 /12問　満点60点（１問５点）　合格点 /40点

電気通信術の試験について

国内電信級陸上特殊無線技士・モールス電信

1分間75字速度の和文による約3分間の手送り送信及び音響受信

モールス符号表・和文（無線局運用規則別表第1号から抜粋）

○文字	
イ	・—
ロ	・—・—
ハ	—・・・
ニ	—・—・
ホ	—・・
ヘ	・
ト	・・—・・
チ	・・—・
リ	——・
ヌ	・・・・
ル	—・——・
ヲ	・———
ワ	—・—
カ	・—・・
ヨ	——
タ	—・
レ	———
ソ	———・
ツ	・——・
ネ	——・—
ナ	・—・
ラ	・・・
ム	—
ウ	・・—
ヰ	・—・・—
ノ	・・——
オ	・—・・・
ク	・・・—
ヤ	・——
マ	—・・—
ケ	—・——
フ	——・・
コ	————
エ	—・———
テ	・—・——
ア	——・——
サ	—・—・—
キ	—・—・・
ユ	—・・——
メ	—・・・—
ミ	・・—・—
シ	——・—・
ヱ	・——・・
ヒ	——・・—
モ	—・・—・
セ	・———・
ス	———・—
ン	・—・—・
゛濁点	・・
゜半濁点	・・——・

○記号	
ー長音	・——・—

、区切点	・—・—・—
」段落	・—・—・・
︵括弧	—・——・—
︶括弧	・—・・—・

○数字（和文・欧文共通）	
1	・————
2	・・———
3	・・・——
4	・・・・—
5	・・・・・
6	—・・・・
7	——・・・
8	———・・
9	————・
0	—————

○数字の略体（和文・欧文共通）	
1	・—
2	・・—
3	・・・—
4	・・・・—
5	・・・・・
6	—・・・・
7	—・・・
8	—・・
9	—・
0	—

試験の実施方法

モールス電信の受信

【試験の方法】

試験会場でスピーカーから再生されるモールス符号を聞き取り、受信用紙に筆記して行われる。

【試験の流れ】

① 受信用紙が配布されるので、所定欄へ資格、受験番号、氏名及び頁数を記入する。

② 上記①の後、音量調整として、和文の「イ、ロ、ハ…ン」の符号が流されてくる

ので、聞きにくい、音が小さいなどの場合は、試験執行員に申し出る。

③　試験

ア　試験開始前に練習文として、「レンシュウ」を前置した和文電報が流れてくるので、練習用の受信用紙に記入する。

イ　練習終了後約５秒の間隔をおいて試験となる。「シケン」などを前置した後に電報形式で試験問題文が流れてくるので、試験用の受信用紙に記入する。

ウ　「・・・―・」の終了符号が送信され、約10秒後に試験終了

エ　試験員による受信用紙の回収

【注意】

①　電報文が60字を超える場合、60字目の字の後に「・・――・・」（問符）の符号の送信と約５秒の間隔が置かれるので注意した方がいい。また、電報文が二通以上ある場合、各通間に約５秒の間隔が置かれる。

②　試験員は試験開始後の質問等には一切応じない。また、試験用機器が故障した場合を除くほか、試験のやり直しは認められない。

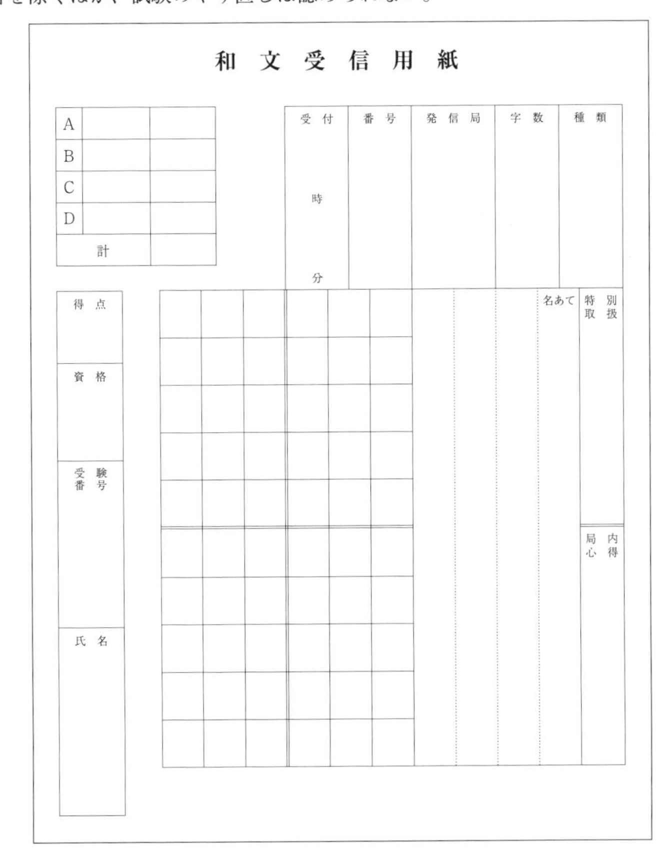
和文受信用紙

A		
B		
C		
D		
計		

受付	番号	発信局	字数	種類
時　分				

得点

資格

受験番号

氏名

名あて

特別取扱

局内心得

モールス電信の送信

【試験の方法】

試験員と一対一で向き合い、指定された試験問題文をモールス符号によって送信する方法で実施される。

【試験の流れ】

① 試験員から試験問題文を示されるので、軽く目を通した後、試験員の合図で開始。

② 試験方法は概ね以下の流れで実施する。

ア 自分の受験番号及び氏名をモールス符号にて送信

イ 「・・・・ ・―・ ・・・・ ・―・」の送信から試験開始

ウ 字数、発信局、種類等の後に名あて、本文など試験問題文を送信

エ 「・・・―・」の語で終了

③ 所定時間内で試験問題文を送信し終わらない場合、所定時間に達した時点で試験員から「やめ」の合図があり、それをもって試験終了となる。

【注意】

① 試験に使用する電鍵は原則、試験会場に備え付けのものを使用することとなっているが、持参した電鍵でも試験員の確認と了承の下に使用できることがある。この場合、オシレータなどの試験用機器との接続の可否、電鍵が試験用として認められているものか否かなどについて事前に確認を取っておく方がいい。

② 試験員は、試験開始後の質問等には一切応じないので、不明なことは事前に確認しておくこと。また、試験のやり直しも認められない。

③ 送信した文字を訂正する場合は、「・・・―・」の符号を前置し、訂正しようとする語の前2、3文字の適当な字から更に送信して行うこと。

④ 2通以上にわたるときは、各通間に約5秒の間隔を置くものとする。

採点基準と合格基準

電気通信術の採点基準

1 点数の配分

配点は、送信及び受信に区分し、各区分ごとに100点を満点とします。

2 採点基準

採点は、次の基準に従い、不良点減点の方法により得点を定めています。ただし、減点すべき点が100点を超えるときは100点とします。

採点区分		点数
送信	誤字、脱字、冗字	1字ごとに 3点
	不明瞭	1字ごとに 1点
	未送信	2字までごとに1点
	訂正	3回までごとに1点
	品位	15点以内

<table>
<tr><th colspan="2">採点区分</th><th>点数</th></tr>
<tr><td rowspan="4">受信</td><td>誤字、冗字</td><td>1字ごとに　　3点</td></tr>
<tr><td>脱字、不明瞭</td><td>1字ごとに　　1点</td></tr>
<tr><td>抹消、訂正</td><td>3回までごとに1点</td></tr>
<tr><td>品位</td><td>15点以内</td></tr>
</table>

電気通信術の合格基準

合格点は、送信、受信、それぞれ70点です。

送信又は受信のいずれかが合格点に達しなかったものの電気通信術は、全体として不合格とします。

電気通信術の試験の方法については、（公財）日本無線協会のホームページ「国家試験についてのFAQ」に詳しく掲載されています。

特殊無線技士出題状況

第二級陸上特殊無線技士 法規		平成30年			平成31年・令和元年			令和２年			令和３年			令和４年		
		2月期	6月期	10月期	2月期	6月期	10月期	2月期	6月期	10月期	2月期	6月期	10月期	2月期	6月期	10月期
総則	電波法の目的（法1）	1							コロナ感染防止のため試験中止	2			1		第二級陸上特殊無線技士国家試験については、令和4年度から試験の実施方法が筆記試験方式からCBT（Computer Based Testing）方式に変更されたことに伴い、試験実施機関による令和4年6月期以降の試験問題は公表されていません。	
	無線従事者の定義（法2）			4									6			
	電波の型式の表示（施4の2）	3	3	3	3		3	3				3				
免許	無線局の開設（法4）										1					
	欠格事由（法5）			1												
	予備免許（法8）		1	2	1		1			1						
	免許の有効期間（法13、施7）						2					2	2	2		
	変更等の許可（法17）		2		2	1		1								
	変更検査（法18）											1				
	申請による周波数等の変更（法19）	2												1		
	免許状の訂正（法21）			12							11	11	11			
	免許状の返納（法24）				11					12				12		
	免許状の再交付（免23）		12			12		12								
	再免許申請の期間（免18）					2		2			2					
設備	電波の質（法28）					3				3	3		3	3		
従事者	主任無線従事者の選解任届（法39）	12	11			11							12			
	無線従事者の免許を与えない場合（法42）		6			5	6	4		5	5		4			
	無線従事者の選解任届（法51）			11	12		12	11		11	12	12		11		
	操作及び監督の範囲（施令3）	6	4	5	4	4	4	6		4,6	6	4,6		4		
	講習の期間（施34の7）		5		5			5						6		
	免許証の携帯（施38）	4									4			5		
	免許証の返納（従51）	5		6	6	6	5					5	5			
運用	擬似空中線回路の使用（法57）	7		7			7	7					7			
	備付けを要する業務書類（施38）	11					11									
	無線局検査結果通知書等（施39）		8				10	10			10	10				
	無線通信の原則（運10）		7		7					7	7			7		
	業務用語（運14）					7*						7*				
	無線電話通信に対する準用（運18）					7*						7*				
	応答（運23）					7*						7*				
監督	電波の発射の停止（法72）	9		10	10		9			8	9			10		
	検査（法73）											9	9			
	無線局の運用の停止等（法76）		10	9		10		9						9		
	無線従事者の免許の取消し等（法79）	8	9		9	8	8	8		9	8	8	8	8		
	報告等（法80）	10		8	8	9		10					10			
他	電波利用料の徴収等（法103条の2）									10						

注１：質問番号に＊印を付したものは、一つの問題で複数の規定条項に関連していることを示す。
注２：同一の規定条項に二つの問題番号があるのは、当該規定条項に係る試験問題が二つあることを示す。

第二級陸上特殊無線技士 無線工学

分野	出題内容	平成30年 2月期	平成30年 6月期	平成30年 10月期	平成31年・令和元年 2月期	平成31年・令和元年 6月期	平成31年・令和元年 10月期	令和2年 2月期	令和2年 6月期	令和2年 10月期	令和3年 2月期	令和3年 6月期	令和3年 10月期	令和4年 2月期	令和4年 6月期	令和4年 10月期
基礎等	抵抗の消費電力	1					1		コロナ感染防止のため試験中止		1				第二級陸上特殊無線技士国家試験については、令和4年度から試験の実施方法が筆記試験方式からCBT（Computer Based Testing）方式に変更されたことに伴い、試験実施機関による令和4年6月期以降の試験問題は公表されていません。	
基礎等	抵抗の大きさと回路に流れる電流の値					1								1		
基礎等	消費電力を表わす式							1		1						
基礎等	合成抵抗値		1		1								1			
基礎等	合成静電容量			1								1				
基礎等	接合型トランジスタの構造									2						
基礎等	集積回路（IC）の一般的特徴	2										2				
基礎等	トランジスタに流れる電流の性質							2					2			
基礎等	電界効果トランジスタ（FET）の電極名			2							2					
基礎等	電界効果トランジスタ（FET）と接合形トランジスタの電極の対応		2													
基礎等	NPN 形トランジスタの電極名													2		
基礎等	マイクロ波の発振が可能なダイオード					2										
基礎等	定電圧回路に用いられるダイオード						2									
基礎等	温度上昇と半導体内部の抵抗等の変化				2											
空中線・電波伝搬	スリーブアンテナ	3														
空中線・電波伝搬	超短波（VHF）帯に用いるアンテナ（ブラウンアンテナ）		5													
空中線・電波伝搬	超短波（VHF）帯に用いるアンテナ（八木アンテナ）				3											
空中線・電波伝搬	ブラウンアンテナの水平面内指向性							3								
空中線・電波伝搬	ブラウンアンテナ等で使用する偏波と指向特性										3					
空中線・電波伝搬	ブラウンアンテナの放射素子の長さ											3				
空中線・電波伝搬	1/4 波長垂直接地アンテナ			4										3		
空中線・電波伝搬	八木・宇田アンテナ（八木アンテナ）					3				3						
空中線・電波伝搬	水平接地の八木アンテナの水平面内指向特性						4						3			
空中線・電波伝搬	電波の伝搬距離										4					
空中線・電波伝搬	超短波（VHF）帯において見通し外遠距離通信ができる現象（回折）						3	4					4			
空中線・電波伝搬	超短波（VHF）帯通信において通信可能距離を延ばす方法	4										4				
空中線・電波伝搬	超短波（VHF）帯の電波の伝わり方			5	4	4								4		
空中線・電波伝搬	マイクロ波（SHF）帯の電波の伝わり方（伝搬の特徴）		4							4						
電源	電池						5			5						
電源	リチウムイオン蓄電池							5					5			
電源	平滑回路	5									5	5				
電源	蓄電池を直列接続したときの合成電圧と合成容量		3		5											
電源	鉛蓄電池の連続動作時間			6		5								5		
測定	電圧及び電流を測定するときの計器のつなぎ方	6														
測定	抵抗に流れる直流電流を測定するときの電流計のつなぎ方		6				6									
測定	アナログ方式の回路計で直接測定できないもの					6										

第二級陸上特殊無線技士国家試験については、令和4年度から試験の実施方法が筆記試験方式からCBT（Computer Based Testing）方式に変更されたことに伴い、試験実施機関による令和4年6月期以降の試験問題は公表されていません。

第二級陸上特殊無線技士
無線工学

分野	出題内容	平成30年 2月期	平成30年 6月期	平成30年 10月期	平成31年・令和元年 2月期	平成31年・令和元年 6月期	平成31年・令和元年 10月期	令和2年 2月期	令和2年 6月期	令和2年 10月期	令和3年 2月期	令和3年 6月期	令和3年 10月期	令和4年 2月期	令和4年 6月期	令和4年 10月期
測定	回路計によるヒューズ断線を確認するための測定レンジ				6			6	コロナ感染防止のため試験中止						第二級陸上特殊無線技士国家試験については、令和4年度から試験の実施方法が筆記試験方式からCBT（Computer Based Testing）方式に変更されたことに伴い、試験実施機関による令和4年6月期以降の試験問題は公表されていません。	
測定	回路の電流と電圧の測定										6		6			
測定	高周波電流を測定するのに適した指示計器			3										6		
無線通信設備・操作・保守等	AM変調とFM変調における搬送波の変調方法			7												
無線通信設備・操作・保守等	振幅変調波形における変調波の値							7								
無線通信設備・操作・保守等	振幅変調（DSB）を行ったときの占有周波数帯幅					7						7		7		
無線通信設備・操作・保守等	AM変調したときの占有周波数帯幅と下側波帯の周波数の組合せ	7														
無線通信設備・操作・保守等	デジタル変調（PSKとQPSK）						7			7						
無線通信設備・操作・保守等	デジタル変調（FSK）		7													
無線通信設備・操作・保守等	デジタル変調（QAM）				7											
無線通信設備・操作・保守等	搬送波をベースバンド信号で変調したときの変調波形										7		7			
無線通信設備・操作・保守等	多元接続方式（TDMA）											8				
無線通信設備・操作・保守等	送信機の緩衝増幅器の目的				11											
無線通信設備・操作・保守等	受信機の性能（安定度）						9			8						
無線通信設備・操作・保守等	受信機の性能（選択度）					9					8					
無線通信設備・操作・保守等	FM（F3E）受信機の構成					8				12						
無線通信設備・操作・保守等	直接FM（F3E）送信装置の構成							9								
無線通信設備・操作・保守等	FM（F3E）送信機のIDC回路		9											12		
無線通信設備・操作・保守等	FM（F3E）受信機の回路（振幅制限回路）											12				
無線通信設備・操作・保守等	FM（F3E）受信機のスケルチ回路		8													
無線通信設備・操作・保守等	FM（F3E）受信機におけるスケルチ回路の調整	9														
無線通信設備・操作・保守等	スーパーヘテロダイン受信機のAGC回路の働き	10														
無線通信設備・操作・保守等	スーパーヘテロダイン受信機の検波器の働き			10												
無線通信設備・操作・保守等	受信機において受信に障害を与える雑音の原因とならないもの					12	8									
無線通信設備・操作・保守等	周波数シンセサイザの構成	11														
無線通信設備・操作・保守等	パルス符号変調（PCM）方式を用いた伝送系の構成									9		9		9		
無線通信設備・操作・保守等	PCM送信装置における標本化				12											
無線通信設備・操作・保守等	AM（A3E）通信方式と比べたときのFM（F3E）通信方式の一般的特徴				8		11						8			
無線通信設備・操作・保守等	アナログ通信方式と比べたときのデジタル通信方式の一般的特徴													8		
無線通信設備・操作・保守等	多元接続方式（TDMA）			11				10								
無線通信設備・操作・保守等	デジタル無線通信装置で行われる誤り訂正符号化										9					
無線通信設備・操作・保守等	デジタル通信で発生するバースト誤り対策												9			
無線通信設備・操作・保守等	FM（F3E）送受信装置の送受信操作							12			12					

第二級陸上特殊無線技士 無線工学

分野	項目	平成30年			平成31年・令和元年			令和２年			令和３年			令和４年		
		2月期	6月期	10月期	2月期	6月期	10月期	2月期	6月期	10月期	2月期	6月期	10月期	2月期	6月期	10月期
無線通信設備・操作・保守等	単信方式のFM（F3E）送受信装置においてプレストークボタンを押したときの状態		12						コロナ感染防止のため試験中止				12		第二級陸上特殊無線技士国家試験については、令和4年度から試験の実施方法が筆記試験方式からCBT（Computer Based Testing）方式に変更されたことに伴い、試験実施機関による令和4年6月期以降の試験問題は公表されていません。	
	FM（F3E）送受信装置においてプレストークボタンを押したのに電波が発射されていない場合に点検しなくともよいもの			12												
レーダー	レーダーにマイクロ波（SHF）が用いられる理由			8												
	レーダー受信機において最も影響の大きい雑音				9											
	パルス波形におけるパルス幅									6		6				
	パルスレーダーの最小探知距離に最も影響を与える要素											11		11		
	パルスレーダーの最小探知距離を向上させる（小さくする）方法		10				12									
	パルスレーダーの最大探知距離を大きくするための条件（方法）	12						8					11			
	レーダーで物標までの距離を測定するときの誤差を少なくする操作					11										
	レーダーにおけるドプラ効果の利用									11						
	地上走行する移動体の速度測定に用いるレーダー										11					
衛星	VSATシステム	8	11			10										
	静止衛星通信			9	10		10	11		10	10	10	10	10		

第三級陸上特殊無線技士
法規

分野	項目	平成30年			平成31年・令和元年			令和2年			令和3年			令和4年		
		2月期	6月期	10月期	2月期	6月期	10月期	2月期	6月期	10月期	2月期	6月期	10月期	2月期	6月期	10月期
総則	無線局の定義（法2）				2		2		コロナ感染防止のため試験中止	2					第三級陸上特殊無線技士国家試験については、令和4年度から試験の実施方法が筆記試験方式からCBT（Computer Based Testing）方式に変更されたことに伴い、試験実施機関による令和4年6月期以降の試験問題は公表されていません。	
	無線従事者の定義（法2）			4		4					4					
	電波の型式の表示（施4の2）	3			3		3				3			3		
免許	欠格事由（法5）					1							1			
	免許状（記載事項）（法14）	1		1							1			1		
	変更等の許可（法17）					2		1					2			
	変更検査（法18）		1	2			1			1	2	1				
	申請による周波数等の変更（法19）				1											
	免許状の訂正（法21）		11											12		
	免許状の返納（法24）	11		11	11	11	11	11		11	11	11	11			
	再免許申請の期間（免18）	2	2					2				2		2		
設備	電波の質（法28）		3	3		3		3		3		3	3			
従事者	主任無線従事者の選解任届（法39）									12		12				
	無線従事者の免許を与えない場合（法42）	6	5		6		4	6		6	6	5		6		
	無線従事者の選解任届（法51）		12	12	12	12		12			12			11		
	操作及び監督の範囲（施令3）	5	6	5	5	5	6	5		5	5	6	5	5		
	免許証の携帯（施38）												4			
	免許証の返納（従51）	4	4	6	4	6	5	4		4		4	6	4		
運用	免許状記載事項の遵守（法53）					7						7				
	擬似空中線回路の使用（法57）									7						
	秘密の保護（法59）		7													
	備付けを要する業務書類（施38）						12									
	免許状を掲げる場所（施38）	12														
	免許状を備付ける場所（施38）												12			
	無線通信の原則（運10）	7		7	7			7			7		7	7		
	試験電波の発射（運39）						7									
監督	電波の発射の停止（法72）	9	8		8	8	8			8	9	8				
	検査（法73）			8		9		8					8	8		
	無線局の運用の停止等（法76）	8	9	9			9			9	8	9	9	9		
	無線従事者の免許の取消し等（法79）				9	10		9				10		10		
	報告等（法80）	10	10	10	10		10	10		10	10		10			

第三級陸上特殊無線技士
無線工学

分野	項目	平成30年 2月期	平成30年 6月期	平成30年 10月期	平成31年・令和元年 2月期	平成31年・令和元年 6月期	平成31年・令和元年 10月期	令和2年 2月期	令和2年 6月期	令和2年 10月期	令和3年 2月期	令和3年 6月期	令和3年 10月期	令和4年 2月期	令和4年 6月期	令和4年 10月期
基礎等	電気に関する単位	1						1	コロナ感染防止のため試験中止					1	第三級陸上特殊無線技士国家試験については、令和4年度から試験の実施方法が筆記試験方式からCBT（Computer Based Testing）方式に変更されたことに伴い、試験実施機関による令和4年6月期以降の試験問題は公表されていません。	
	合成静電容量			1	1					1	1					
	合成抵抗値		1			2						1				
	抵抗値と消費電力												1			
	電源電圧と消費電力						1									
	電界効果トランジスタ（FET）と接合形トランジスタの電極の対応	2				1		2		2				2		
	電界効果トランジスタ（FET）の電極名			2							2					
	NPN形トランジスタの電極名		2		2							2				
	温度上昇に伴う半導体内部の抵抗等の変化						2						2			
空中線・電波伝搬	スリーブアンテナ	3								3						
	スリーブアンテナアンテナの素子の長さと波長													3		
	ブラウンアンテナ						5	3								
	三素子八木・宇田アンテナ（八木アンテナ）の構成					3							3			
	水平半波長ダイポールアンテナの素子の長さと水平面内指向特性		3									3				
	垂直半波長ダイポールアンテナから放射される電波の偏波と指向性			3												
	超短波（VHF）帯送受信設備において給電線として利用されるもの				3						3					
	電波の伝搬速度と周波数	4						4						4		
	短波（HF）と比べたときの超短波（VHF）の伝わり方		4		4	4				4	4					
	超短波（VHF）帯の電波の伝わり方			4								4				
	超短波（VHF）帯でアンテナ高を高くした方が到達距離が延びる理由						4						4			
電源	鉛蓄電池の取扱い上の注意	5		12				5,12				5		5		
	電池					5				5						
	リチウムイオン蓄電池		5													
	ニッケル・カドミウム蓄電池の特徴			5												
	蓄電池のアンペア時〔Ah〕						3						5			
	機器の規格電流に適した電源ヒューズの電流値				5						5					
測定	回路計で直流抵抗を測定するときの準備手順	6	6					6						6		
	負荷にかかる電圧を測定するときの電圧計のつなぎ方				6											
	回路計で直流電圧を測定するときの方法									6						
	回路計で直流電圧を測定するときの測定前の操作			6								6				
	回路計で交流電流を測定するときの切替つまみの設定					6										
	回路計のゼロオーム調整つまみの使用目的						6						6			

第三級陸上特殊無線技士
無線工学

		平成30年			平成31年・令和元年			令和２年			令和３年			令和４年		
		2月期	6月期	10月期	2月期	6月期	10月期	2月期	6月期	10月期	2月期	6月期	10月期	2月期	6月期	10月期
測定	抵抗に流れる電流を測定するときの電流計のつなぎ方								コロナ感染防止のため試験中止		6				第三級陸上特殊無線技士国家試験については、令和4年度から試験の実施方法が筆記試験方式からCBT（Computer Based Testing）方式に変更されたことに伴い、試験実施機関による令和4年6月期以降の試験問題は公表されていません。	
無線設備・運用・保守等	振幅変調（A3E）波と比べたときの周波数変調（F3E）波の一般的特徴							7								
	振幅変調M（A3E）波と比べたときの周波数変調（F3E）波の占有周波数帯幅の一般的特徴			7									7			
	FM送信機において音声信号で変調された搬送波の状態					7					7					
	DSB（A3E）送信機において音声信号で変調された搬送波の状態		7		7							7				
	アナログ通信方式と比べたときのデジタル通信方式の一般的特徴					8				9	8	8	8	8		
	AM（A3E）通信方式と比べたときのFM（F3E）通信方式の一般的特徴	7												7		
	デジタル変調（PSKとQPSK）										9					
	デジタル変調（PSK）											10				
	デジタル変調（FSK）												9	9		
	FM（F3E）受信機のスケルチ回路		12	8	12			8								
	FM（F3E）受信機におけるスケルチ回路の調整						8									
	直接FM（F3E）送信装置の構成	8		10	11					10						
	FM（F3E）送信機においてIDC回路を設ける目的		9	9	9	11		9								
	デジタル無線送信装置（A/D変換器）						10	10						10		
	デジタル無線受信装置（D/A変換器）										10		10			
	FM（F3E）送信機において電波が発射される操作	9		11				11					12	12		
	FM（F3E）送受信機においてプレストークボタンを押して送信しているときの状態		10		10		9					11				
	FM（F3E）受信機の構成		8													
	FM（F3E）受信機の受信操作	10														
	FM送受信機の送受信操作					12										
	FM受信機における周波数弁別器					10										
	受信機の性能（忠実度）						11			11						
	スーパーヘテロダイン受信機の周波数変換部の働き						12			12			11			
	スーパーヘテロダイン受信機の近接周波数による混信の軽減策	11									11			11		
	搬送波を発生する回路（発振回路）						7			7						
	多元接続方式（FDMA）									8						
	多元接続方式（TDMA）											9				
	無線送信機の制御器の使用目的	12	11		8	9					12	12				

国内電信級陸上特殊無線技士　法規

区分	項目	平成30年			平成31年・令和元年			令和２年			令和３年			令和４年			令和5年
		2月期	6月期	10月期	2月期	6月期	10月期	2月期	6月期	10月期	2月期	6月期	10月期	2月期	6月期	10月期	2月期
総則	電波法の目的（法1）			1					コロナ感染防止のため試験中止		1				1		
	無線従事者の定義（法2）		2					2					2				
免許	免許の有効期間（法13、施7）						1										
	免許状（記載事項）（法14）		1		1	1				1			1	1			1
	変更等の許可（法17）	1						1				1				1	
	免許状の返納（法24）	5		5	6	5	5	5		5	5	5		6	5	5	5
従事者	主任無線従事者の選解任届（法39）					6		6		6							
	無線従事者の免許を与えない場合（法42）			2						2					2		2
	無線従事者の選解任届（法51）		5		5		6				6		5	5			6
	免許証の携帯（施38）	2										2				2	
	免許証の返納（従51）				2	2	2				2			2			
運用	免許状記載事項の遵守（法53）				9								7				7
	無線局の運用（空中線電力）（法54）	7						9			7					7	
	擬似空中線回路の使用（法57）	9								7	9				8		8
	秘密の保護（法59）	11	7	7	7		7			12	11	7	12	7		8	
	備付けを要する業務書類（施38）	6	6	6								6	6		6	6	
	無線通信の原則（運10）		11	9		10	11			8		11	8	9	7	9	9
	送信速度等（運15）					7		11					11		9	10	
	発射前の措置（運19の2）	10						10			10						10
	呼出し（運20）	8*						8*			8*				10*		
	呼出しの中止（運22）		12			12	12					12			12		
	応答（運23）	12			12			12		11	12					11	
	通報の送信（運29）		10	10	10	9	10			10		10	10	10			11
	通報の反復（運32）		8				8	7				8					
	受信証（運37）			12		8								12			
	呼出し又は応答の簡易化（運126の2）	8*						8*			8*				10*		
	前置符号（$\overline{\text{OSO}}$）（運131）		9				9					9	9			12	
	$\overline{\text{OSO}}$を受信した場合の措置（運132）			8	8	11								8	11		12
	取扱の停止（運136）			11	11					9				11			
監督	電波の発射の停止（法72）	4	4		4	4		4				4	4	4			3
	検査（法73）			3			4			4	4				3	3	
	無線局の運用の停止等（法76）	3	3	4	3	3	3				3	3	3	3	4		
	無線従事者の免許の取消し等（法79）							3		3						4	4

注：質問番号に＊印を付したものは、一つの問題で複数の規定条項に関連していることを示す。

第二級陸上特殊無線技士 法　規

ご注意

各設問に対する答は、出題時点での法令等に準拠して解答しております。

試験概要

試験問題：問題数／12問
合格基準：満　点／60点　合格点／40点
配点内訳：１　問／５点

平成30年2月期

〔1〕 次の記述は、電波法の目的である。[　　]内に入れるべき字句を下の番号から選べ。

この法律は、電波の公平かつ[　　]な利用を確保することによって、公共の福祉を増進することを目的とする。

1 能動的　2 積極的　3 能率的　4 経済的

〔2〕 無線局の免許人は、識別信号（呼出符号、呼出名称等をいう。）の指定の変更を受けようとするときは、どうしなければならないか。次のうちから選べ。

1 総務大臣に識別信号の指定の変更を申請する。
2 総務大臣に識別信号の指定の変更を届け出る。
3 あらかじめ総務大臣の指示を受ける。
4 総務大臣に免許状を提出し、訂正を受ける。

〔3〕「F3E」の記号をもって表示する電波の型式はどれか。次のうちから選べ。

1 パルス変調で無変調パルス列・変調信号のないもの・無情報
2 角度変調で周波数変調・デジタル信号である単一チャネルのもの・ファクシミリ
3 振幅変調で両側波帯・アナログ信号である単一チャネルのもの・電話（音響の放送を含む。）
4 角度変調で周波数変調・アナログ信号である単一チャネルのもの・電話（音響の放送を含む。）

〔4〕 無線従事者は、その業務に従事しているときは、免許証をどのようにしていなければならないか。次のうちから選べ。

1 通信室内の見やすい箇所に掲げる。　2 通信室内に保管する。
3 携帯する。　4 無線局に備え付ける。

〔5〕 無線従事者は、免許証を失ったためにその再交付を受けた後、失った免許証を発見したときは、どうしなければならないか。次のうちから選べ。

1 発見した日から10日以内に再交付を受けた免許証を総務大臣に返納する。
2 発見した日から10日以内に発見した免許証を総務大臣に返納する。
3 発見した日から10日以内にその旨を総務大臣に届け出る。
4 速やかに発見した免許証を廃棄する。

〔6〕 第二級陸上特殊無線技士の資格を有する者が、陸上の無線局で人工衛星局の中継により無線通信を行うものの多重無線設備の外部の転換装置で電波の質に影響を及ぼさないものの技術操作を行うことができるのは、空中線電力何ワット以下のものか。次のうちから選べ。

1 50ワット　2 30ワット　3 20ワット　4 10ワット

〔7〕 次の記述は、擬似空中線回路の使用について述べたものである。電波法の規定に照らし、□内に入れるべき字句を下の番号から選べ。

無線局は、無線設備の機器の□又は調整を行うために運用するときには、なるべく擬似空中線回路を使用しなければならない。

1 研究　2 開発　3 試験　4 調査

〔8〕 無線従事者が電波法又は電波法に基づく命令に違反したときに総務大臣から受けることがある処分はどれか。次のうちから選べ。

1 その業務に従事する無線局の運用の停止
2 6箇月間の業務に従事することの停止
3 期間を定めて行う無線設備の操作範囲の制限
4 無線従事者の免許の取消し

〔9〕 総務大臣は、無線局の発射する電波の質が総務省令で定めるものに適合していないと認めるときは、その無線局に対してどのような処分を行うことができるか。次のうちから選べ。

1 周波数の指定を変更する。　2 臨時に電波の発射の停止を命ずる。
3 空中線電力の指定を変更する。　4 免許を取り消す。

〔10〕 無線局の免許人は、電波法又は電波法に基づく命令の規定に違反して運用した無線局を認めたときは、どうしなければならないか。次のうちから選べ。

1 総務省令で定める手続により、総務大臣に報告する。
2 その無線局の電波の発射を停止させる。
3 その無線局の免許人にその旨を通知する。
4 その無線局の免許人を告発する。

〔11〕 陸上移動局（包括免許に係る特定無線局その他別に定める無線局を除く。）の免許状及び無線局免許証票は、どこに備え付けておかなければならないか。次のうちから選べ。

1　免許状はその無線設備の常置場所及び無線局免許証票はその送信装置のある場所
2　免許状は基地局の無線設備の設置場所及び無線局免許証票は無線設備の常置場所
3　いずれもその送信装置のある場所
4　免許状は免許人の住所及び無線局免許証票は総務大臣が別に告示する場所

〔12〕　無線局の免許人は、主任無線従事者を選任し、又は解任したときは、どうしなければならないか。次のうちから選べ。
1　遅滞なく、その旨を総務大臣に届け出る。
2　速やかに、総務大臣の承認を受ける。
3　1箇月以内にその旨を総務大臣に届け出る。
4　2週間以内にその旨を総務大臣に報告する。

▶ **解答・根拠**

問題	解答	根　　拠
〔1〕	3	電波法の目的（法1条）
〔2〕	1	申請による周波数等の変更（法19条）
〔3〕	4	電波の型式の表示（施行4条の2）
〔4〕	3	免許証の携帯（施行38条）
〔5〕	2	免許証の返納（従事者51条）
〔6〕	1	操作及び監督の範囲（施行令3条）
〔7〕	3	擬似空中線回路の使用（法57条）
〔8〕	4	無線従事者の免許の取消し等（法79条）
〔9〕	2	電波の発射の停止（法72条）
〔10〕	1	報告等（法80条）
〔11〕	1	備付けを要する業務書類（施行38条）
〔12〕	1	主任無線従事者の選解任届（法39条）

平成30年6月期

〔1〕 無線局の予備免許が与えられるときに総務大臣から指定される事項はどれか。次のうちから選べ。

1　空中線電力
2　無線局の種別
3　無線設備の設置場所
4　免許の有効期間

〔2〕 無線局の免許人があらかじめ総務大臣の許可を受けなければならないのはどの場合か。次のうちから選べ。

1　無線局を廃止しようとするとき。
2　無線従事者を選任しようとするとき。
3　無線局の運用を休止しようとするとき。
4　無線設備の設置場所を変更しようとするとき。

〔3〕「F3E」の記号をもって表示する電波の型式はどれか。次のうちから選べ。

1　角度変調で周波数変調・アナログ信号である単一チャネルのもの・電話（音響の放送を含む。）
2　パルス変調で無変調パルス列・変調信号のないもの・無情報
3　角度変調で周波数変調・デジタル信号である単一チャネルのもの・ファクシミリ
4　振幅変調の両側波帯・アナログ信号である単一チャネルのもの・電話（音響の放送を含む。）

〔4〕 第二級陸上特殊無線技士の資格を有する者が、陸上の無線局の25,010kHzから960MHzまでの周波数の電波を使用する無線設備（レーダーを除く。）の外部の転換装置で電波の質に影響を及ぼさないものの技術操作を行うことができるのは、空中線電力何ワット以下のものか。次のうちから選べ。

1　100ワット　　2　50ワット　　3　30ワット　　4　20ワット

〔5〕 無線局（総務省令で定めるものを除く。）の免許人は、主任無線従事者を選任したときは、当該主任無線従事者に選任の日からどれほどの期間内に無線設備の操作の監督に関し総務大臣の行う講習を受けさせなければならないか。次のうちから選べ。

1　5年　　2　1年　　3　6箇月　　4　3箇月

〔6〕 総務大臣が無線従事者の免許を与えないことができる者はどれか。次のうちから選べ。

1 無線従事者の免許を取り消され、取消しの日から5年を経過しない者
2 刑法に規定する罪を犯し罰金以上の刑に処せられ、その執行を終わり、又はその執行を受けることがなくなった日から2年を経過しない者
3 日本の国籍を有しない者
4 無線従事者の免許を取り消され、取消しの日から2年を経過しない者

〔7〕 一般通信方法における無線通信の原則として無線局運用規則に定める事項に該当するものはどれか。次のうちから選べ。

1 無線通信を行う場合においては、暗語を使用してはならない。
2 必要のない無線通信は、これを行ってはならない。
3 無線通信は、正確に行うものとし、通信上の誤りを知ったときは、通報の送信終了後一括して訂正しなければならない。
4 無線通信は、試験電波を発射した後でなければ行ってはならない。

〔8〕 免許人は、無線局の検査の結果について総務大臣から指示を受け相当な措置をしたときは、どうしなければならないか。次のうちから選べ。

1 その措置の内容を免許状の余白に記載する。
2 その措置の内容を無線局事項書の写しの余白に記載する。
3 その措置の内容を検査職員に連絡し、再度検査を受ける。
4 速やかにその措置の内容を総務大臣に報告する。

〔9〕 無線従事者が総務大臣から3箇月以内の期間を定めてその業務に従事することを停止されることがあるのはどの場合か。次のうちから選べ。

1 免許証を失ったとき。
2 電波法又は電波法に基づく命令に違反したとき。
3 その業務に従事する無線局の運用を1年間休止したとき。
4 その業務に従事することがなくなったとき。

〔10〕 無線局の免許人が電波法又は電波法に基づく命令に違反したときに総務大臣が行うことができる処分はどれか。次のうちから選べ。

1 無線局の運用の停止　　2 電波の発射の停止
3 違反した無線従事者の解任　　4 再免許の拒否

〔11〕 無線局の免許人は、主任無線従事者を選任し、又は解任したときは、どうしなければならないか。次のうちから選べ。

1 遅滞なく、その旨を総務大臣に届け出る。

2 1箇月以内にその旨を総務大臣に届け出る。

3 2週間以内にその旨を総務大臣に報告する。

4 速やかに、総務大臣の承認を受ける。

〔12〕 無線局の免許人が総務大臣に遅滞なく免許状を返さなければならないのはどの場合か。次のうちから選べ。

1 無線局の運用の停止を命じられたとき。

2 電波の発射の停止を命じられたとき。

3 免許状を汚したために再交付の申請を行い、新たな免許状の交付を受けたとき。

4 免許人が電波法に違反したとき。

▶ **解答・根拠**

問題	解答	根　　拠
〔1〕	1	予備免許（法8条）
〔2〕	4	変更等の許可（法17条）
〔3〕	1	電波の型式の表示（施行4条の2）
〔4〕	2	操作及び監督の範囲（施行令3条）
〔5〕	3	講習の期間（施行34条の7）
〔6〕	4	無線従事者の免許を与えない場合（法42条）
〔7〕	2	無線通信の原則（運用10条）
〔8〕	4	無線局検査結果通知書等（施行39条）
〔9〕	2	無線従事者の免許の取消し等（法79条）
〔10〕	1	無線局の運用の停止等（法76条）
〔11〕	1	主任無線従事者の選解任届（法39条）
〔12〕	3	免許状の再交付（免許23条）

平成30年10月期

〔1〕 無線局の免許を与えられないことがある者はどれか。次のうちから選べ。

1　刑法に規定する罪を犯し懲役に処せられ、その執行を終わった日から2年を経過しない者

2　無線局を廃止し、その廃止の日から2年を経過しない者

3　無線局の免許の取消しを受け、その取消しの日から5年を経過しない者

4　電波法に規定する罪を犯し罰金以上の刑に処せられ、その執行を終わった日から2年を経過しない者

〔2〕 無線局の予備免許が与えられるときに総務大臣から指定される事項はどれか。次のうちから選べ。

1　空中線電力　　2　無線局の種別

3　免許の有効期間　　4　無線設備の設置場所

〔3〕「F3E」の記号をもって表示する電波の型式はどれか。次のうちから選べ。

1　パルス変調で無変調パルス列・変調信号のないもの・無情報

2　角度変調で周波数変調・デジタル信号である単一チャネルのもの・ファクシミリ

3　振幅変調で両側波帯・アナログ信号である単一チャネルのもの・電話（音響の放送を含む。）

4　角度変調で周波数変調・アナログ信号である単一チャネルのもの・電話（音響の放送を含む。）

〔4〕「無線従事者」の定義として、正しいものはどれか。次のうちから選べ。

1　無線設備の操作又はその監督を行う者であって、総務大臣の免許を受けたものをいう。

2　無線設備の操作を行う者であって、無線局に配置されたものをいう。

3　無線従事者国家試験に合格した者をいう。

4　無線設備の操作を行う者をいう。

〔5〕 第二級陸上特殊無線技士の資格を有する者が、陸上の無線局の25,010kHzから960MHzまでの周波数の電波を使用する無線設備（レーダーを除く。）の外部の転換装置で電波の質に影響を及ぼさないものの技術操作を行うことができるのは、空中線電力何ワット以下のものか。次のうちから選べ。

1　20ワット　　2　10ワット　　3　50ワット　　4　30ワット

〔6〕 無線従事者は、免許の取消しの処分を受けたときは、その処分を受けた日から何日以内にその免許証を総務大臣に返納しなければならないか。次のうちから選べ。

1 7日 2 10日 3 14日 4 30日

〔7〕 次の記述は、擬似空中線回路の使用について述べたものである。電波法の規定に照らし、[ ]内に入れるべき字句を下の番号から選べ。

無線局は、無線設備の機器の[ ]又は調整を行うために運用するときには、なるべく擬似空中線回路を使用しなければならない。

1 研究 2 開発 3 試験 4 調査

〔8〕 無線局の免許人は、電波法又は電波法に基づく命令の規定に違反して運用した無線局を認めたときは、どうしなければならないか。次のうちから選べ。

1 その無線局の免許人を告発する。
2 総務省令で定める手続により、総務大臣に報告する。
3 その無線局の免許人にその旨を通知する。
4 その無線局の電波の発射の停止を求める。

〔9〕 無線局の免許人が電波法又は電波法に基づく命令に違反したときに総務大臣が行うことができる処分はどれか。次のうちから選べ。

1 再免許の拒否 2 電波の型式の制限
3 通信の相手方又は通信事項の制限 4 無線局の運用の停止

〔10〕 総務大臣が無線局に対して臨時に電波の発射の停止を命ずることができるのはどの場合か。次のうちから選べ。

1 免許状に記載された空中線電力の範囲を超えて運用していると認めるとき。
2 発射する電波が他の無線局の通信に混信を与えていると認めるとき。
3 無線局の発射する電波の質が総務省令で定めるものに適合していないと認めるとき。
4 運用の停止を命じた無線局を運用していると認めるとき。

〔11〕 無線局の免許人は、無線従事者を選任し、又は解任したときは、どうしなければならないか。次のうちから選べ。

1 速やかに、総務大臣の承認を受ける。
2 遅滞なく、その旨を総務大臣に届け出る。
3 10日以内にその旨を総務大臣に報告する。
4 1箇月以内にその旨を総務大臣に届け出る。

〔12〕 無線局の免許人は、免許状に記載した住所に変更を生じたときは、どうしなければならないか。次のうちから選べ。

1 総務大臣に無線設備の設置場所の変更の申請をする。
2 遅滞なく、その旨を総務大臣に届け出る。
3 免許状を訂正し、その旨を総務大臣に報告する。
4 免許状を総務大臣に提出し、訂正を受ける。

▶ **解答・根拠**

問題	解答	根　　拠
〔1〕	4	欠格事由（法5条）
〔2〕	1	予備免許（法8条）
〔3〕	4	電波の型式の表示（施行4条の2）
〔4〕	1	無線従事者の定義（法2条）
〔5〕	3	操作及び監督の範囲（施行令3条）
〔6〕	2	免許証の返納（従事者51条）
〔7〕	3	擬似空中線回路の使用（法57条）
〔8〕	2	報告等（法80条）
〔9〕	4	無線局の運用の停止等（法76条）
〔10〕	3	電波の発射の停止（法72条）
〔11〕	2	無線従事者の選解任届（法51条）
〔12〕	4	免許状の訂正（法21条）

平成31年2月期

〔1〕 無線局の予備免許が与えられるときに総務大臣から指定される事項に該当しないものはどれか。次のうちから選べ。

1 呼出符号（標識符号を含む。）、呼出名称その他の総務省令で定める識別信号
2 運用許容時間
3 空中線電力
4 通信の相手方及び通信事項

〔2〕 無線局の免許人があらかじめ総務大臣の許可を受けなければならないのはどの場合か。次のうちから選べ。

1 無線設備の設置場所を変更しようとするとき。
2 無線局の運用を休止しようとするとき。
3 無線従事者を選任しようとするとき。
4 無線局を廃止しようとするとき。

〔3〕 電波の主搬送波の変調の型式が角度変調で周波数変調のもの、主搬送波を変調する信号の性質がデジタル信号である2以上のチャネルのものであって、伝送情報の型式が電話（音響の放送を含む。）の電波の型式を表示する記号はどれか。次のうちから選べ。

1 F8C　　2 F7E　　3 F3E　　4 A3E

〔4〕 第二級陸上特殊無線技士の資格を有する者の無線設備の操作の対象となる「陸上の無線局」に該当するものはどれか。次のうちから選べ。

1 海岸局　　2 固定局　　3 航空局　　4 基幹放送局

〔5〕 無線局（総務省令で定めるものを除く。）の免許人は、主任無線従事者を選任したときは、当該主任無線従事者に選任の日からどれほどの期間内に無線設備の操作の監督に関し総務大臣の行う講習を受けさせなければならないか。次のうちから選べ。

1 5年　　2 1年　　3 6箇月　　4 3箇月

〔6〕 無線従事者がその免許証を総務大臣に返納しなければならないのはどの場合か。次のうちから選べ。

1 5年以上無線設備の操作を行わなかったとき。
2 無線通信の業務に従事することを停止されたとき。

3　無線従事者の免許を受けてから５年を経過したとき。
4　無線従事者の免許の取消しの処分を受けたとき。

〔７〕 一般通信方法における無線通信の原則として無線局運用規則に定める事項に該当するものはどれか。次のうちから選べ。
1　無線通信に使用する用語は、できる限り簡潔でなければならない。
2　無線通信は、長時間継続して行ってはならない。
3　無線通信は、迅速に行うものとし、できる限り速い通信速度で行わなければならない。
4　無線通信は、試験電波を発射した後でなければ行ってはならない。

〔８〕 無線局の免許人は、非常通信を行ったときは、どうしなければならないか。次のうちから選べ。
1　総務省令で定める手続により、総務大臣に報告する。
2　その通信の記録を作成し、１年間これを保存する。
3　非常災害対策本部長に届け出る。
4　地方防災会議会長にその旨を通知する。

〔９〕 総務大臣から無線従事者がその免許を取り消されることがあるのはどの場合か。次のうちから選べ。
1　免許証を失ったとき。
2　日本の国籍を有しない者となったとき。
3　電波法又は電波法に基づく命令に違反したとき。
4　引き続き５年以上無線設備の操作を行わなかったとき。

〔10〕 総務大臣が無線局に対して臨時に電波の発射の停止を命ずることができるのはどの場合か。次のうちから選べ。
1　免許状に記載された空中線電力の範囲を超えて運用していると認めるとき。
2　無線局の発射する電波が他の無線局の通信に混信を与えていると認めるとき。
3　無線局の発射する電波の質が総務省令で定めるものに適合していないと認めるとき。
4　運用の停止の命令を受けている無線局を運用していると認めるとき。

〔11〕 無線局の免許がその効力を失ったときは、免許人であった者は、その免許状をどうしなければならないか。次のうちから選べ。
1　１箇月以内に総務大臣に返納する。　　2　直ちに廃棄する。
3　３箇月以内に総務大臣に返納する。　　4　２年間保管する。

〔12〕 無線局の免許人は、無線従事者を選任し、又は解任したときは、どうしなければならないか。次のうちから選べ。

1 速やかに、総務大臣の承認を受ける。
2 遅滞なく、その旨を総務大臣に届け出る。
3 10日以内にその旨を総務大臣に報告する。
4 1箇月以内にその旨を総務大臣に届け出る。

▶ 解答・根拠

問題	解答	根　　拠
〔1〕	4	予備免許（法8条）
〔2〕	1	変更等の許可（法17条）
〔3〕	2	電波の型式の表示（施行4条の2）
〔4〕	2	操作及び監督の範囲（施行令3条）
〔5〕	3	講習の期間（施行34条の7）
〔6〕	4	免許証の返納（従事者51条）
〔7〕	1	無線通信の原則（運用10条）
〔8〕	1	報告等（法80条）
〔9〕	3	無線従事者の免許の取消し等（法79条）
〔10〕	3	電波の発射の停止（法72条）
〔11〕	1	免許状の返納（法24条）
〔12〕	2	無線従事者の選解任届（法51条）

令和元年6月期

〔1〕 無線局の免許人は、無線設備の変更の工事をしようとするときは、総務省令で定める場合を除き、どうしなければならないか。次のうちから選べ。

1 あらかじめ総務大臣に届け出る。

2 あらかじめ総務大臣の許可を受ける。

3 適宜工事を行い、工事完了後総務大臣に届け出る。

4 あらかじめ総務大臣に届け出て、その指示を受ける。

〔2〕 陸上移動業務の無線局（免許の有効期間が1年以内であるものを除く。）の再免許の申請は、どの期間内に行わなければならないか。次のうちから選べ。

1 免許の有効期間満了前1箇月まで

2 免許の有効期間満了前2箇月まで

3 免許の有効期間満了前2箇月以上3箇月を超えない期間

4 免許の有効期間満了前3箇月以上6箇月を超えない期間

〔3〕 次の記述は、電波の質について述べたものである。電波法の規定に照らし、□内に入れるべき字句を下の番号から選べ。

送信設備に使用する電波の□、高調波の強度等電波の質は、総務省令で定めるところに適合するものでなければならない。

1 周波数の安定度　　2 周波数の偏差及び幅

3 変調度　　4 空中線電力の偏差

〔4〕 第二級陸上特殊無線技士の資格を有する者の無線設備の操作の対象となる「陸上の無線局」に該当するものはどれか。次のうちから選べ。

1 基地局　　2 海岸局　　3 航空局　　4 基幹放送局

〔5〕 総務大臣が無線従事者の免許を与えないことができる者はどれか。次のうちから選べ。

1 無線従事者の免許を取り消され、取消しの日から2年を経過しない者

2 日本の国籍を有しない者

3 無線従事者の免許を取り消され、取消しの日から5年を経過しない者

4 刑法に規定する罪を犯し罰金以上の刑に処せられ、その執行を終わり、又はその執行を受けることがなくなった日から2年を経過しない者

〔6〕 無線従事者がその免許証を総務大臣に返納しなければならないのはどの場合か。次のうちから選べ。

1　5年以上無線設備の操作を行わなかったとき。
2　無線通信の業務に従事することを停止されたとき。
3　無線従事者の免許の取消しの処分を受けたとき。
4　無線従事者の免許を受けてから5年を経過したとき。

〔7〕 次の記述は、陸上移動業務の無線局の無線電話通信における応答事項を掲げたものである。無線局運用規則の規定に照らし、□内に入れるべき字句を下の番号から選べ。

① 相手局の呼出名称　　3回以下
② こちらは　　1回
③ 自局の呼出名称　　□

1　3回以下　　2　3回　　3　2回以下　　4　1回

〔8〕 総務大臣から無線従事者がその免許を取り消されることがあるのはどの場合か。次のうちから選べ。

1　日本の国籍を有しない者となったとき。
2　不正な手段により無線従事者の免許を受けたとき。
3　刑法に規定する罪を犯し、罰金以上の刑に処せられたとき。
4　引き続き5年以上無線設備の操作を行わなかったとき。

〔9〕 無線局の免許人は、電波法に基づく命令の規定に違反して運用した無線局を認めたときは、どうしなければならないか。次のうちから選べ。

1　その無線局の免許人を告発する。
2　その無線局の免許人にその旨を通知する。
3　総務省令で定める手続により、総務大臣に報告する。
4　その無線局に電波の発射の停止を求める。

〔10〕 無線局の免許人が電波法又は電波法に基づく命令に違反したときに総務大臣が行うことができる処分はどれか。次のうちから選べ。

1　電波の発射の停止　　2　無線局の運用の停止
3　無線従事者の解任　　4　再免許の拒否

〔11〕 無線局の免許人は、主任無線従事者を選任し、又は解任したときは、どうしなけれ

ばならないか。次のうちから選べ。

1　1箇月以内にその旨を総務大臣に届け出る。

2　2週間以内にその旨を総務大臣に報告する。

3　速やかに、総務大臣の承認を受ける。

4　遅滞なく、その旨を総務大臣に届け出る。

〔12〕無線局の免許人が総務大臣に遅滞なく免許状を返さなければならないのはどの場合か。次のうちから選べ。

1　免許状を汚したために再交付の申請を行い、新たな免許状の交付を受けたとき。

2　無線局の運用の停止を命じられたとき。

3　電波の発射の停止を命じられたとき。

4　免許人が電波法に違反したとき。

▶ **解答・根拠**

問題	解答	根　　拠
〔1〕	2	変更等の許可（法17条）
〔2〕	4	再免許申請の期間（免許18条）
〔3〕	2	電波の質（法28条）
〔4〕	1	操作及び監督の範囲（施行令3条）
〔5〕	1	無線従事者の免許を与えない場合（法42条）
〔6〕	3	免許証の返納（従事者51条）
〔7〕	4	応答（運用23条）、無線電話通信に対する準用（運用18条）、業務用語（運用14条）
〔8〕	2	無線従事者の免許の取消し等（法79条）
〔9〕	3	報告等（法80条）
〔10〕	2	無線局の運用の停止等（法76条）
〔11〕	4	主任無線従事者の選解任届（法39条）
〔12〕	1	免許状の再交付（免許23条）

令和元年10月期

〔1〕 無線局の予備免許が与えられるときに総務大臣から指定される事項はどれか。次のうちから選べ。

1 無線局の種別　　2 無線設備の設置場所

3 免許の有効期間　　4 空中線電力

〔2〕 再免許を受けた固定局の免許の有効期間は何年か。次のうちから選べ。

1 5年　　2 4年　　3 3年　　4 10年

〔3〕 電波の主搬送波の変調の型式が角度変調で周波数変調のもの、主搬送波を変調する信号の性質がアナログ信号である単一チャネルのものであって、伝送情報の型式が電話(音響の放送を含む。)の電波の型式を表示する記号はどれか。次のうちから選べ。

1 J3E　　2 A3E　　3 F1B　　4 F3E

〔4〕 第二級陸上特殊無線技士の資格を有する者が、陸上の無線局で人工衛星局の中継により無線通信を行うものの多重無線設備の外部の転換装置で電波の質に影響を及ぼさないものの技術操作を行うことができるのは、空中線電力何ワット以下のものか。次のうちから選べ。

1 30ワット　　2 50ワット　　3 10ワット　　4 125ワット

〔5〕 無線従事者は、免許証を失ったためにその再交付を受けた後、失った免許証を発見したときはどうしなければならないか。次のうちから選べ。

1 速やかに発見した免許証を廃棄する。

2 発見した日から10日以内にその旨を総務大臣に届け出る。

3 発見した日から10日以内に再交付を受けた免許証を総務大臣に返納する。

4 発見した日から10日以内に発見した免許証を総務大臣に返納する。

〔6〕 総務大臣が無線従事者の免許を与えないことができる者はどれか。次のうちから選べ。

1 電波法の規定に違反し、3箇月以内の期間を定めて無線通信の業務に従事することを停止され、その停止の期間が終了した日から2年を経過しない者

2 刑法に規定する罪を犯し罰金以上の刑に処せられ、その執行を終わり、又はその執行を受けることがなくなった日から2年を経過しない者

3　日本の国籍を有しない者

4　無線従事者の免許を取り消され、取消しの日から２年を経過しない者

〔７〕 次の記述は、擬似空中線回路の使用について述べたものである。電波法の規定に照らし、□内に入れるべき字句を下の番号から選べ。

無線局は、無線設備の機器の□又は調整を行うために運用するときには、なるべく擬似空中線回路を使用しなければならない。

1　研究　　2　開発　　3　試験　　4　調査

〔８〕 無線従事者が総務大臣から３箇月以内の期間を定めてその業務に従事することを停止されることがあるのはどの場合か。次のうちから選べ。

1　免許証を失ったとき。

2　電波法又は電波法に基づく命令に違反したとき。

3　その業務に従事する無線局の運用を１年間休止したとき。

4　その業務に従事することがなくなったとき。

〔９〕 総務大臣が無線局に対して臨時に電波の発射の停止を命ずることができるのはどの場合か。次のうちから選べ。

1　無線局が必要のない無線通信を行っていると認めるとき。

2　無線局の発射する電波が他の無線局の通信に混信を与えていると認めるとき。

3　無線局が免許状に記載された空中線電力の範囲を超えて運用していると認めるとき。

4　無線局の発射する電波の質が総務省令で定めるものに適合していないと認めるとき。

〔10〕 免許人は、無線局の検査の結果について総務大臣から指示を受け相当な措置をしたときは、どうしなければならないか。次のうちから選べ。

1　その措置の内容を免許状の余白に記載する。

2　その措置の内容を無線局事項書の写しの余白に記載する。

3　その措置の内容を検査職員に連絡し、再度検査を受ける。

4　速やかにその措置の内容を総務大臣に報告する。

〔11〕 携帯局の常置場所に備え付けておかなければならない書類はどれか。次のうちから選べ。

1　免許証　　2　免許状

3　無線従事者選解任届の写し　　4　無線設備等の点検実施報告書の写し

〔12〕 無線局の免許人は、無線従事者を選任し、又は解任したときは、どうしなければならないか。次のうちから選べ。

1 遅滞なく、その旨を総務大臣に届け出る。

2 10日以内にその旨を総務大臣に報告する。

3 速やかに、総務大臣の承認を受ける。

4 1箇月以内にその旨を総務大臣に届け出る。

▶ **解答・根拠**

問題	解答	根　　拠
〔1〕	4	予備免許（法8条）
〔2〕	1	免許の有効期間（法13条、施行7条）
〔3〕	4	電波の型式の表示（施行4条の2）
〔4〕	2	操作及び監督の範囲（施行令3条）
〔5〕	4	免許証の返納（従事者51条）
〔6〕	4	無線従事者の免許を与えない場合（法42条）
〔7〕	3	擬似空中線回路の使用（法57条）
〔8〕	2	無線従事者の免許の取消し等（法79条）
〔9〕	4	電波の発射の停止（法72条）
〔10〕	4	無線局検査結果通知書等（施行39条）
〔11〕	2	備付けを要する業務書類（施行38条）
〔12〕	1	無線従事者の選解任届（法51条）

令和２年２月期

〔１〕 無線局の免許人は、無線設備の設置場所を変更しようとするときは、どうしなければならないか。次のうちから選べ。

1 あらかじめ総務大臣の指示を受ける。
2 変更の期日を総務大臣に届け出る。
3 あらかじめ総務大臣の許可を受ける。
4 遅滞なく、その旨を総務大臣に届け出る。

〔２〕 固定局（免許の有効期間が１年以内であるものを除く。）の再免許の申請は、どの期間内に行わなければならないか。次のうちから選べ。

1 免許の有効期間満了前３箇月以上６箇月を超えない期間
2 免許の有効期間満了前２箇月以上３箇月を超えない期間
3 免許の有効期間満了前２箇月まで
4 免許の有効期間満了前１箇月まで

〔３〕 電波の主搬送波の変調の型式が角度変調で周波数変調のもの、主搬送波を変調する信号の性質がデジタル信号である２以上のチャネルのものであって、伝送情報の型式がデータ伝送、遠隔測定又は遠隔指令の電波の型式を表示する記号はどれか。次のうちから選べ。

1 Ａ３Ｅ　　2 Ｆ３Ｅ　　3 Ｆ８Ｅ　　4 Ｆ７Ｄ

〔４〕 総務大臣が無線従事者の免許を与えないことができる者はどれか。次のうちから選べ。

1 刑法に規定する罪を犯し罰金以上の刑に処せられ、その執行を終わり、又はその執行を受けることがなくなった日から２年を経過しない者
2 無線従事者の免許を取り消され、取消しの日から５年を経過しない者
3 無線従事者の免許を取り消され、取消しの日から２年を経過しない者
4 日本の国籍を有しない者

〔５〕 無線局（総務省令で定めるものを除く。）の免許人は、主任無線従事者を選任したときは、当該主任無線従事者に選任の日からどれほどの期間内に無線設備の操作の監督に関し総務大臣の行う講習を受けさせなければならないか。次のうちから選べ。

1 ５年　　2 ３箇月　　3 １年　　4 ６箇月

〔6〕 第二級陸上特殊無線技士の資格を有する者が、陸上の無線局の25,010kHzから960MHzまでの周波数の電波を使用する無線設備（レーダーを除く。）の外部の転換装置で電波の質に影響を及ぼさないものの技術操作を行うことができるのは、空中線電力何ワット以下のものか。次のうちから選べ。

1 30ワット　2 50ワット　3 20ワット　4 10ワット

〔7〕 次の記述は、擬似空中線回路の使用について述べたものである。電波法の規定に照らし、[　　]内に入れるべき字句を下の番号から選べ。

無線局は、無線設備の機器の[　　]又は調整を行うために運用するときには、なるべく擬似空中線回路を使用しなければならない。

1 研究　2 開発　3 試験　4 調査

〔8〕 無線従事者が総務大臣から３箇月以内の期間を定めてその業務に従事することを停止されることがあるのはどの場合か。次のうちから選べ。

1 電波法又は電波法に基づく命令に違反したとき。
2 免許証を失ったとき。
3 その業務に従事する無線局の運用を１年間休止したとき。
4 無線通信の業務に従事することがなくなったとき。

〔9〕 無線局の免許人が電波法又は電波法に基づく命令に違反したときに総務大臣が行うことができる処分はどれか。次のうちから選べ。

1 電波の型式の制限
2 無線局の運用の停止
3 通信の相手方又は通信事項の制限
4 再免許の拒否

〔10〕 無線局の免許人は、非常通信を行ったときは、どうしなければならないか。次のうちから選べ。

1 非常災害対策本部長に届け出る。
2 地方防災会議会長に報告する。
3 その通信の記録を作成し、１年間これを保存する。
4 総務省令で定める手続により、総務大臣に報告する。

〔11〕 無線局の免許人は、無線従事者を選任し、又は解任したときは、どうしなければならないか。次のうちから選べ。

1　遅滞なく、その旨を総務大臣に届け出る。
2　10日以内にその旨を総務大臣に報告する。
3　速やかに、総務大臣の承認を受ける。
4　１箇月以内にその旨を総務大臣に届け出る。

〔12〕　無線局の免許人が総務大臣に遅滞なく免許状を返さなければならないのはどの場合か。次のうちから選べ。
1　無線局の運用の停止を命じられたとき。
2　電波の発射の停止を命じられたとき。
3　免許人が電波法に違反したとき。
4　免許状を汚したために再交付の申請を行い、新たな免許状の交付を受けたとき。

▶ 解答・根拠

問題	解答	根　　拠
〔1〕	3	変更等の許可（法17条）
〔2〕	1	再免許申請の期間（免許18条）
〔3〕	4	電波の型式の表示（施行4条の2）
〔4〕	3	無線従事者の免許を与えない場合（法42条）
〔5〕	4	講習の期間（施行34条の7）
〔6〕	2	操作及び監督の範囲（施行令3条）
〔7〕	3	擬似空中線回路の使用（法57条）
〔8〕	1	無線従事者の免許の取消し等（法79条）
〔9〕	2	無線局の運用の停止等（法76条）
〔10〕	4	報告等（法80条）
〔11〕	1	無線従事者の選解任届（法51条）
〔12〕	4	免許状の再交付（免許23条）

令和２年１０月期

〔1〕 無線局の予備免許が与えられるときに総務大臣から指定される事項はどれか。次のうちから選べ。

1　無線局の種別　　2　免許の有効期間

3　空中線電力　　4　無線設備の設置場所

〔2〕 次の記述は、電波法の目的である。□内に入れるべき字句を下の番号から選べ。

この法律は、電波の公平かつ□な利用を確保することによって、公共の福祉を増進することを目的とする。

1　能率的　　2　能動的　　3　積極的　　4　経済的

〔3〕 次の記述は、電波の質について述べたものである。電波法の規定に照らし、□内に入れるべき字句を下の番号から選べ。

送信設備に使用する電波の□、高調波の強度等電波の質は、総務省令で定めるところに適合するものでなければならない。

1　周波数の安定度　　2　変調度

3　周波数の偏差及び幅　　4　空中線電力の偏差

〔4〕 第二級陸上特殊無線技士の資格を有する者の無線設備の操作の対象となる「陸上の無線局」に該当するものはどれか。次のうちから選べ。

1　海岸局　　2　固定局　　3　航空局　　4　基幹放送局

〔5〕 総務大臣が無線従事者の免許を与えないことができる者はどれか。次のうちから選べ。

1　電波法の規定に違反し、３箇月以内の期間を定めて無線通信の業務に従事することを停止され、その停止の期間が終了した日から２年を経過しない者

2　刑法に規定する罪を犯し罰金以上の刑に処せられ、その執行を終わり、又はその執行を受けることがなくなった日から２年を経過しない者

3　日本の国籍を有しない者

4　無線従事者の免許を取り消され、取消しの日から２年を経過しない者

〔6〕 第二級陸上特殊無線技士の資格を有する者が、陸上の無線局の25,010kHzから960MHzまでの周波数の電波を使用する無線設備（レーダーを除く。）の外部の転換装置で電波の質に影響を及ぼさないものの技術操作を行うことができるのは、空中線電力何ワット以下のものか。次のうちから選べ。

1 10ワット　2 20ワット　3 30ワット　4 50ワット

〔7〕 一般通信方法における無線通信の原則として無線局運用規則に定める事項に該当するものはどれか。次のうちから選べ。

1 無線通信は、長時間継続して行ってはならない。
2 無線通信に使用する用語は、できる限り簡潔でなければならない。
3 無線通信を行う場合においては、暗語を使用してはならない。
4 無線通信は、試験電波を発射した後でなければ行ってはならない。

〔8〕 総務大臣は、無線局の発射する電波の質が総務省令で定めるものに適合していないと認めるときは、その無線局に対してどのような処分を行うことができるか。次のうちから選べ。

1 周波数の指定を変更する。
2 空中線電力の指定を変更する。
3 無線局の免許を取り消す。
4 臨時に電波の発射の停止を命ずる。

〔9〕 総務大臣から無線従事者がその免許を取り消されることがあるのはどの場合か。次のうちから選べ。

1 日本の国籍を有しない者となったとき。
2 不正な手段により無線従事者の免許を受けたとき。
3 刑法に規定する罪を犯し、罰金以上の刑に処せられたとき。
4 引き続き5年以上無線設備の操作を行わなかったとき。

〔10〕 無線局の免許人（包括免許人その他別に定めるものを除く。）は、無線局の免許を受けた日から起算して何日以内に、また、その後毎年その免許の日に応当する日（応当する日がない場合は、その翌日）から起算して何日以内に電波法に定める電波利用料を国に納めなければならないか。次のうちから選べ。

1 20日　2 60日　3 10日　4 30日

〔11〕 無線局の免許人は、無線従事者を選任し、又は解任したときは、どうしなければならないか。次のうちから選べ。

1 1箇月以内にその旨を総務大臣に報告する。
2 速やかに、総務大臣の承認を受ける。
3 遅滞なく、その旨を総務大臣に届け出る。
4 2週間以内にその旨を総務大臣に届け出る。

〔12〕 無線局の免許がその効力を失ったときは、免許人であった者は、その免許状をどうしなければならないか。次のうちから選べ。

1 1箇月以内に総務大臣に返納する。
2 直ちに廃棄する。
3 3箇月以内に総務大臣に返納する。
4 2年間保管する。

▶ 解答・根拠

問題	解答	根　　拠
〔1〕	3	予備免許（法8条）
〔2〕	1	電波法の目的（法1条）
〔3〕	3	電波の質（法28条）
〔4〕	2	操作及び監督の範囲（施行令3条）
〔5〕	4	無線従事者の免許を与えない場合（法42条）
〔6〕	4	操作及び監督の範囲（施行令3条）
〔7〕	2	無線通信の原則（運用10条）
〔8〕	4	電波の発射の停止（法72条）
〔9〕	2	無線従事者の免許の取消し等（法79条）
〔10〕	4	電波利用料の徴収等（法103条の2）
〔11〕	3	無線従事者の選解任届（法51条）
〔12〕	1	免許状の返納（法24条）

令和3年2月期

〔1〕 基地局を開設しようとする者は、どうしなければならないか。次のうちから選べ。

1 基地局の運用開始の予定期日を総務大臣に届け出る。
2 総務大臣の免許を受ける。
3 主任無線従事者を選任する。
4 基地局を開設した旨、遅滞なく総務大臣に届け出る。

〔2〕 固定局（免許の有効期間が1年以内であるものを除く。）の再免許の申請は、どの期間内に行わなければならないか。次のうちから選べ。

1 免許の有効期間満了前3箇月以上6箇月を超えない期間
2 免許の有効期間満了前2箇月以上3箇月を超えない期間
3 免許の有効期間満了前2箇月まで
4 免許の有効期間満了前1箇月まで

〔3〕 次の記述は、電波の質について述べたものである。電波法の規定に照らし、□内に入れるべき字句を下の番号から選べ。

送信設備に使用する電波の□、高調波の強度等電波の質は、総務省令で定めるところに適合するものでなければならない。

1 周波数の安定度　　2 変調度
3 空中線電力の偏差　　4 周波数の偏差及び幅

〔4〕 無線従事者は、その業務に従事しているときは、免許証をどのようにしていなければならないか。次のうちから選べ。

1 通信室内の見やすい箇所に掲げる。　　2 通信室内に保管する。
3 携帯する。　　4 無線局に備え付ける。

〔5〕 総務大臣が無線従事者の免許を与えないことができる者はどれか。次のうちから選べ。

1 日本の国籍を有しない者
2 無線従事者の免許を取り消され、取消しの日から2年を経過しない者
3 無線従事者の免許を取り消され、取消しの日から5年を経過しない者
4 刑法に規定する罪を犯し罰金以上の刑に処せられ、その執行を終わり、又はその執行を受けることがなくなった日から2年を経過しない者

〔6〕 第二級陸上特殊無線技士の資格を有する者が、陸上の無線局で人工衛星局の中継により無線通信を行うものの多重無線設備の外部の転換装置で電波の質に影響を及ぼさないものの技術操作を行うことができるのは、空中線電力何ワット以下のものか。次のうちから選べ。

1 100ワット　2 50ワット　3 25ワット　4 5ワット

〔7〕 一般通信方法における無線通信の原則として無線局運用規則に定める事項に該当するものはどれか。次のうちから選べ。

1 無線通信は、試験電波を発射した後でなければ行ってはならない。
2 無線通信は、長時間継続して行ってはならない。
3 無線通信に使用する用語は、できる限り簡潔でなければならない。
4 無線通信を行う場合においては、暗語を使用してはならない。

〔8〕 総務大臣から無線従事者がその免許を取り消されることがあるのはどの場合か。次のうちから選べ。

1 免許証を失ったとき。
2 日本の国籍を有しない者となったとき。
3 引き続き5年以上無線設備の操作を行わなかったとき。
4 電波法に違反したとき。

〔9〕 総務大臣は、無線局の発射する電波の質が総務省令で定めるものに適合していないと認めるときは、その無線局に対してどのような処分を行うことができるか。次のうちから選べ。

1 周波数の指定を変更する。
2 臨時に電波の発射の停止を命ずる。
3 空中線電力の指定を変更する。
4 免許を取り消す。

〔10〕 免許人は、無線局の検査の結果について総務大臣から指示を受け相当な措置をしたときは、どうしなければならないか。次のうちから選べ。

1 その措置の内容を免許状の余白に記載する。
2 その措置の内容を無線局事項書の写しの余白に記載する。
3 その措置の内容を検査職員に連絡し、再度検査を受ける。
4 速やかにその措置の内容を総務大臣に報告する。

〔11〕 無線局の免許人は、免許状に記載した住所に変更を生じたときは、どうしなければならないか。次のうちから選べ。

1 総務大臣に無線設備の設置場所の変更の申請をする。
2 免許状を総務大臣に提出し、訂正を受ける。
3 遅滞なく、その旨を総務大臣に届け出る。
4 免許状を訂正し、その旨を総務大臣に報告する。

〔12〕 無線局の免許人は、無線従事者を選任し、又は解任したときは、どうしなければならないか。次のうちから選べ。

1 1箇月以内にその旨を総務大臣に報告する。
2 速やかに、総務大臣の承認を受ける。
3 遅滞なく、その旨を総務大臣に届け出る。
4 2週間以内にその旨を総務大臣に届け出る。

▶ 解答・根拠

問題	解答	根　　拠
〔1〕	2	無線局の開設（法4条）
〔2〕	1	再免許申請の期間（免許18条）
〔3〕	4	電波の質（法28条）
〔4〕	3	免許証の携帯（施行38条）
〔5〕	2	無線従事者の免許を与えない場合（法42条）
〔6〕	2	操作及び監督の範囲（施行令3条）
〔7〕	3	無線通信の原則（運用10条）
〔8〕	4	無線従事者の免許の取消し等（法79条）
〔9〕	2	電波の発射の停止（法72条）
〔10〕	4	無線局検査結果通知書等（施行39条）
〔11〕	2	免許状の訂正（法21条）
〔12〕	3	無線従事者の選解任届（法51条）

令和３年６月期

〔１〕 無線局の無線設備の変更の工事の許可を受けた免許人は、総務省令で定める場合を除き、どのような手続をとった後でなければ、許可に係る無線設備を運用してはならないか。次のうちから選べ。

1 当該工事の結果が許可の内容に適合している旨を総務大臣に届け出た後
2 総務大臣に運用開始の予定期日を届け出た後
3 総務大臣の検査を受け、当該工事の結果が許可の内容に適合していると認められた後
4 工事が完了した後、その運用について総務大臣の許可を受けた後

〔２〕 再免許を受けた陸上移動局の免許の有効期間は何年か。次のうちから選べ。

1 ５年　　2 ４年　　3 ３年　　4 10年

〔３〕 電波の主搬送波の変調の型式が角度変調で周波数変調のもの、主搬送波を変調する信号の性質がデジタル信号である２以上のチャネルのものであって、伝送情報の型式が電話（音響の放送を含む。）の電波の型式を表示する記号はどれか。次のうちから選べ。

1 Ａ３Ｅ　　2 Ｆ３Ｅ　　3 Ｆ７Ｅ　　4 Ｆ８Ｅ

〔４〕 第二級陸上特殊無線技士の資格を有する者の無線設備の操作の対象となる「陸上の無線局」に該当するものはどれか。次のうちから選べ。

1 海岸局　　2 航空局　　3 基地局　　4 基幹放送局

〔５〕 無線従事者がその免許証を総務大臣に返納しなければならないのはどの場合か。次のうちから選べ。

1 無線従事者の免許を受けてから５年を経過したとき。
2 無線通信の業務に従事することを停止されたとき。
3 ５年以上無線設備の操作を行わなかったとき。
4 免許証を失ったためにその再交付を受けた後失った免許証を発見したとき。

〔６〕 第二級陸上特殊無線技士の資格を有する者が、陸上の無線局で人工衛星局の中継により無線通信を行うものの多重無線設備の外部の転換装置で電波の質に影響を及ぼさないものの技術操作を行うことができるのは、空中線電力何ワット以下のものか。次のうちから選べ。

1 30ワット　　2 50ワット　　3 20ワット　　4 10ワット

〔7〕 次の記述は、陸上移動業務の無線局の無線電話通信における応答事項を掲げたものである。無線局運用規則の規定に照らし、□内に入れるべき字句を下の番号から選べ。

① 相手局の呼出名称　　３回以下
② こちらは　　１回
③ 自局の呼出名称　　□

1 ３回以下　　2 ３回　　3 １回　　4 ２回以下

〔8〕 総務大臣から無線従事者がその免許を取り消されることがあるのはどの場合か。次のうちから選べ。

1 免許証を失ったとき。
2 日本の国籍を有しない者となったとき。
3 引き続き５年以上無線設備の操作を行わなかったとき。
4 電波法に違反したとき。

〔9〕 無線局の定期検査（電波法第７３条第１項の検査）において検査される事項に該当しないものはどれか。次のうちから選べ。

1 無線従事者の知識及び技能　　2 無線従事者の資格及び員数
3 無線設備　　4 時計及び書類

〔10〕 無線局の免許人は、無線局の検査の結果について総務大臣から指示を受け相当な措置をしたときは、どうしなければならないか。次のうちから選べ。

1 その措置の内容を免許状の余白に記載する。
2 その措置の内容を無線局事項書の写しの余白に記載する。
3 その措置の内容を検査職員に連絡し、再度検査を受ける。
4 速やかにその措置の内容を総務大臣に報告する。

〔11〕 無線局の免許人は、免許状に記載した住所に変更を生じたときは、どうしなければならないか。次のうちから選べ。

1 総務大臣に無線設備の設置場所の変更の申請をする。
2 免許状を総務大臣に提出し、訂正を受ける。
3 遅滞なく、その旨を総務大臣に届け出る。
4 免許状を訂正し、その旨を総務大臣に報告する。

〔12〕 無線局の免許人は、無線従事者を選任し、又は解任したときは、どうしなければならないか。次のうちから選べ。

1　１箇月以内にその旨を総務大臣に報告する。
2　速やかに、総務大臣の承認を受ける。
3　遅滞なく、その旨を総務大臣に届け出る。
4　２週間以内にその旨を総務大臣に届け出る。

▶ 解答・根拠

問題	解答	根　　拠
〔1〕	3	変更検査（法18条）
〔2〕	1	免許の有効期間（法13条、施行7条）
〔3〕	3	電波の型式の表示（施行4条の2）
〔4〕	3	操作及び監督の範囲（施行令3条）
〔5〕	4	免許証の返納（従事者51条）
〔6〕	2	操作及び監督の範囲（施行令3条）
〔7〕	3	応答（運用23条）、無線電話通信に対する準用（運用18条）、業務用語（運用14条）
〔8〕	4	無線従事者の免許の取消し等（法79条）
〔9〕	1	検査（法73条）
〔10〕	4	無線局検査結果通知書等（施行39条）
〔11〕	2	免許状の訂正（法21条）
〔12〕	3	無線従事者の選解任届（法51条）

令和３年10月期

〔1〕 次の記述は、電波法の目的である。□内に入れるべき字句を下の番号から選べ。

この法律は、電波の公平かつ□な利用を確保することによって、公共の福祉を増進することを的とする。

1 能率的　　2 能動的　　3 積極的　　4 経済的

〔2〕 再免許を受けた陸上移動局の免許の有効期間は何年か。次のうちから選べ。

1 10年　　2 5年　　3 4年　　4 3年

〔3〕 次の記述は、電波の質について述べたものである。電波法の規定に照らし、□内に入れるべき字句を下の番号から選べ。

送信設備に使用する電波の□電波の質は、総務省令で定めるところに適合するものでなければならない。

1 周波数の偏差及び安定度等
2 周波数の偏差、空中線電力の偏差等
3 周波数の偏差及び幅、高調波の強度等
4 周波数の偏差及び幅、空中線電力の偏差等

〔4〕 総務大臣が無線従事者の免許を与えないことができる者はどれか。次のうちから選べ。

1 刑法に規定する罪を犯し罰金以上の刑に処せられ、その執行を終わり、又はその執行を受けることがなくなった日から２年を経過しない者
2 無線従事者の免許を取り消され、取消しの日から５年を経過しない者
3 無線従事者の免許を取り消され、取消しの日から２年を経過しない者
4 日本の国籍を有しない者

〔5〕 無線従事者は、免許証を失ったためにその再交付を受けた後、失った免許証を発見したときはどうしなければならないか。次のうちから選べ。

1 速やかに発見した免許証を廃棄する。
2 発見した日から10日以内にその旨を総務大臣に届け出る。
3 発見した日から10日以内に再交付を受けた免許証を総務大臣に返納する。
4 発見した日から10日以内に発見した免許証を総務大臣に返納する。

〔6〕「無線従事者」の定義として、正しいものはどれか。次のうちから選べ。

1 無線設備の操作又はその監督を行う者であって、総務大臣の免許を受けたものをいう。
2 無線設備の操作を行う者であって、無線局に配置されたものをいう。
3 無線従事者国家試験に合格した者をいう。
4 無線設備の操作を行う者をいう。

〔7〕無線局がなるべく擬似空中線回路を使用しなければならないのはどの場合か。次のうちから選べ。

1 他の無線局の通信に混信を与えるおそれがあるとき。
2 工事設計書に記載した空中線を使用できないとき。
3 無線設備の機器の試験又は調整を行うために運用するとき。
4 総務大臣の行う無線局の検査のために運用するとき。

〔8〕総務大臣から無線従事者がその免許を取り消されることがあるのはどの場合か。次のうちから選べ。

1 不正な手段により無線従事者の免許を受けたとき。
2 日本の国籍を有しない者となったとき。
3 刑法に規定する罪を犯し、罰金以上の刑に処せられたとき。
4 引き続き5年以上無線設備の操作を行わなかったとき。

〔9〕無線局の臨時検査（電波法第73条第5項の検査）において検査されることがあるものはどれか。次のうちから選べ。

1 無線従事者の知識及び技能
2 無線従事者の勤務状況
3 無線従事者の業務経歴
4 無線従事者の資格及び員数

〔10〕無線局の免許人は、非常通信を行ったときは、どうしなければならないか。次のうちから選べ。

1 総務省令で定める手続により、総務大臣に報告する。
2 直ちに総務大臣に電話連絡する。
3 その通信の記録を作成し、1年間これを保存する。
4 地方防災会議会長にその旨を通知する。

〔11〕 無線局の免許人は、免許状に記載した住所に変更を生じたときは、どうしなければならないか。次のうちから選べ。

1 総務大臣に無線設備の設置場所の変更の申請をする。
2 遅滞なく、その旨を総務大臣に届け出る。
3 免許状を訂正し、その旨を総務大臣に報告する。
4 免許状を総務大臣に提出し、訂正を受ける。

〔12〕 無線局の免許人は、主任無線従事者を選任し、又は解任したときは、どうしなければならないか。次のうちから選べ。

1 遅滞なく、その旨を総務大臣に届け出る。
2 1箇月以内にその旨を総務大臣に届け出る。
3 2週間以内にその旨を総務大臣に報告する。
4 速やかに総務大臣の承認を受ける。

▶ **解答・根拠**

問題	解答	根　　拠
〔1〕	1	電波法の目的（法1条）
〔2〕	2	免許の有効期間（法13条、施行7条）
〔3〕	3	電波の質（法28条）
〔4〕	3	無線従事者の免許を与えない場合（法42条）
〔5〕	4	免許証の返納（従事者51条）
〔6〕	1	無線従事者の定義（法2条）
〔7〕	3	擬似空中線回路の使用（法57条）
〔8〕	1	無線従事者の免許の取消し等（法79条）
〔9〕	4	検査（法73条）
〔10〕	1	報告等（法80条）
〔11〕	4	免許状の訂正（法21条）
〔12〕	1	主任無線従事者の選解任届（法39条）

令和4年2月期

〔1〕無線局の免許人は、電波の型式及び周波数の指定の変更を受けようとするときは、どうしなければならないか。次のうちから選べ。

1　総務大臣に電波の型式及び周波数の指定の変更を申請する。
2　総務大臣に電波の型式及び周波数の指定の変更を届け出る。
3　あらかじめ総務大臣の指示を受ける。
4　免許状を総務大臣に提出し、訂正を受ける。

〔2〕　再免許を受けた陸上移動局の免許の有効期間は何年か。次のうちから選べ。

1　3年　　2　5年　　3　10年　　4　2年

〔3〕　次の記述は、電波の質について述べたものである。電波法の規定に照らし、[　　　]内に入れるべき字句を下の番号から選べ。

送信設備に使用する電波の[　　　]電波の質は、総務省令で定めるところに適合するものでなければならない。

1　周波数の偏差及び安定度等
2　周波数の偏差、空中線電力の偏差等
3　周波数の偏差及び幅、高調波の強度等
4　周波数の偏差及び幅、空中線電力の偏差等

〔4〕　第二級陸上特殊無線技士の資格を有する者が、陸上の無線局の空中線電力50ワット以下の無線設備（レーダーを除く。）の外部の転換装置で電波の質に影響を及ぼさないものの技術操作を行うことができる周波数の電波はどれか。次のうちから選べ。

1　25,010kHz から960MHz まで　　2　960MHz 以上
3　4,000kHz から25,010kHz まで　　4　1,606.5kHz から4,000kHz まで

〔5〕　無線従事者は、その業務に従事しているときは、免許証をどのようにしていなければならないか。次のうちから選べ。

1　主たる送信装置のある場所の見やすい箇所に掲げる。
2　通信室内に保管する。
3　携帯する。
4　無線局に備え付ける。

〔6〕 無線局（総務省令で定めるものを除く。）の免許人は、主任無線従事者を選任したときは、当該主任無線従事者に選任の日からどれほどの期間内に無線設備の操作の監督に関し総務大臣の行う講習を受けさせなければならないか。次のうちから選べ。

1　3箇月　　2　6箇月　　3　1年　　4　5年

〔7〕 一般通信方法における無線通信の原則として無線局運用規則に定める事項に該当するものはどれか。次のうちから選べ。

1　無線通信は、正確に行うものとし、通信上の誤りを知ったときは、通報の送信終了後一括して訂正しなければならない。
2　無線通信は、試験電波を発射した後でなければ行ってはならない。
3　無線通信を行う場合においては、暗語を使用してはならない。
4　必要のない無線通信は、これを行ってはならない。

〔8〕 総務大臣から無線従事者がその免許を取り消されることがあるのはどの場合か。次のうちから選べ。

1　日本の国籍を有しない者となったとき。
2　刑法に規定する罪を犯し、罰金以上の刑に処せられたとき。
3　不正な手段により無線従事者の免許を受けたとき。
4　引き続き5年以上無線設備の操作を行わなかったとき。

〔9〕 無線局の免許人が電波法又は電波法に基づく命令に違反したときに総務大臣が行うことができる処分はどれか。次のうちから選べ。

1　電波の型式の制限
2　無線局の運用の停止
3　通信の相手方又は通信事項の制限
4　再免許の拒否

〔10〕 総務大臣は、無線局の発射する電波の質が総務省令で定めるものに適合していないと認めるときは、その無線局に対してどのような処分を行うことができるか。次のうちから選べ。

1　空中線の撤去を命ずる。
2　周波数又は空中線電力の指定を変更する。
3　無線局の免許を取り消す。
4　臨時に電波の発射の停止を命ずる。

〔11〕 無線局の免許人は、無線従事者を選任し、又は解任したときは、どうしなければならないか。次のうちから選べ。

1 １箇月以内にその旨を総務大臣に報告する。
2 速やかに総務大臣の承認を受ける。
3 遅滞なく、その旨を総務大臣に届け出る。
4 ２週間以内にその旨を総務大臣に届け出る。

〔12〕 無線局の免許状を１箇月以内に総務大臣に返納しなければならないのはどの場合か。次のうちから選べ。

1 無線局を廃止したとき。
2 ６箇月以上無線局の運用を休止するとき。
3 免許状を破損し、又は汚したとき。
4 電波の発射の停止を命じられたとき。

▶ 解答・根拠

問題	解答	根　拠
〔1〕	1	申請による周波数等の変更（法19条）
〔2〕	2	免許の有効期間（法13条、施行7条）
〔3〕	3	電波の質（法28条）
〔4〕	1	操作及び監督の範囲（施行令3条）
〔5〕	3	免許証の携帯（施行38条）
〔6〕	2	講習の期間（施行34条の7）
〔7〕	4	無線通信の原則（運用10条）
〔8〕	3	無線従事者の免許の取消し等（法79条）
〔9〕	2	無線局の運用の停止等（法76条）
〔10〕	4	電波の発射の停止（法72条）
〔11〕	3	無線従事者の選解任届（法51条）
〔12〕	1	免許状の返納（法24条）

第二級陸上特殊無線技士 無線工学

試験概要

試験問題：問題数／12問
合格基準：満　点／60点　合格点／40点
配点内訳：1　問／5点

平成30年2月期

〔1〕 図に示す電気回路において、抵抗 R の値の大きさを2倍にすると、この抵抗の消費電力は、何倍になるか。

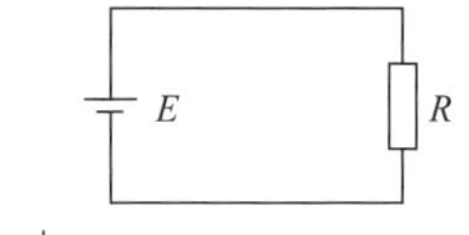

1 $\frac{1}{2}$倍　　2 $\frac{1}{4}$倍

3 2倍　　4 4倍

〔2〕 次の記述は、個別の部品を組み合わせた回路と比べたときの、集積回路（IC）の一般的特徴について述べたものである。誤っているのはどれか。

1 複雑な電子回路が小型化できる。

2 IC内部の配線が短く、高周波特性の良い回路が得られる。

3 信頼性が高い。

4 大容量、かつ高速な信号処理回路が作れない。

〔3〕 図に示すアンテナの名称と l の長さの組合せで、正しいのは次のうちどれか。

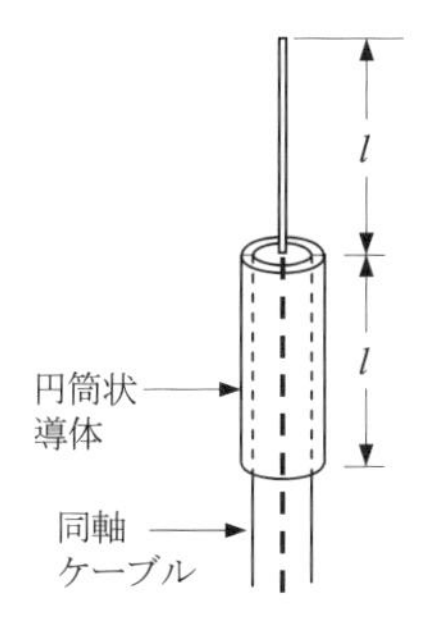

	名称	l の長さ
1	スリーブアンテナ	$\frac{1}{2}$波長
2	スリーブアンテナ	$\frac{1}{4}$波長
3	ホイップアンテナ	$\frac{1}{2}$波長
4	ホイップアンテナ	$\frac{1}{4}$波長

〔4〕 超短波（VHF）帯の電波を使用した通信において、一般に、通信可能な距離を延ばす方法として、誤っているのはどれか。

1 アンテナの放射角度を高角度にする。　　2 鋭い指向性のアンテナを用いる。

3 利得の高いアンテナを用いる。　　4 アンテナの高さを高くする。

〔5〕 次の記述は、下記のどの回路について述べたものか。

交流分を含んだ不完全な直流を、できるだけ完全な直流にするための回路で、この回路の動作が不完全だとリプルが多くなり、電源ハムの原因となる。

1 整流回路　　2 平滑回路　　3 変調回路　　4 検波回路

〔6〕 図に示す回路において、電圧及び電流を測定するには、ab 及び cd の各端子間に計器をどのように接続すればよいか。下記の組合せのうち、正しいものを選べ。

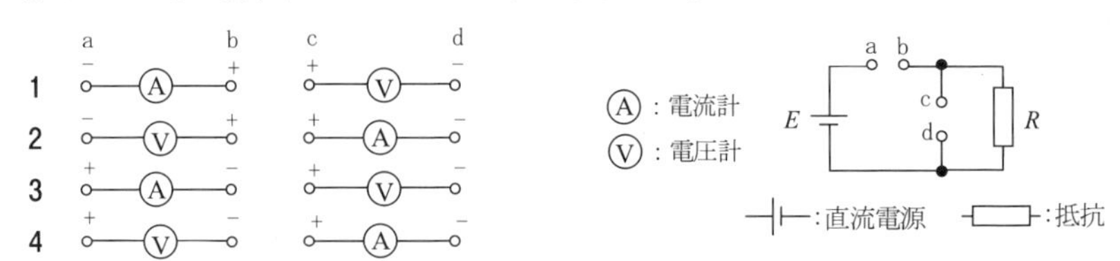

〔7〕 周波数 f_C の搬送波を周波数 f_S の信号波で、AM 変調（A3E）したときの占有周波数帯幅と下側波帯の周波数の組合せで、正しいのは次のうちどれか。

	占有周波数帯幅	下側波帯の周波数
1	f_S	f_C-f_S
2	$2f_S$	f_C-f_S
3	f_S	f_C+f_S
4	$2f_S$	f_C+f_S

〔8〕 次の記述は、衛星通信における VSAT システムについて述べたものである。誤っているのはどれか。

1 宇宙局と VSAT 地球局間の使用電波は、14〔GHz〕帯と 12〔GHz〕帯等の SHF 帯の周波数が用いられている。

2 VSAT 地球局の送信周波数は、VSAT 制御地球局で制御される。

3 このシステムは、VSAT 地球局相互間で音声通信のみを行う。

4 VSAT 制御地球局の送受信装置には、大電力増幅器と低雑音増幅器が使用されている。

〔9〕 次の記述の□内に入れるべき字句の組合せで、正しいのはどれか。

FM（F3E）受信機において、相手局からの送話が［A］とき、受信機から雑音が出たら［B］調整つまみを回して、雑音が消える限界点の位置に調整する。

	A	B		A	B
1	有る	音量	2	無い	音量
3	有る	スケルチ	4	無い	スケルチ

〔10〕 次の記述は、スーパヘテロダイン受信機の AGC の働きについて述べたものである。正しいのはどれか。

1 選択度を良くし、近接周波数の混信を除去する。

2　受信電波が無くなったときに生ずる大きな雑音を消す。

3　受信電波の強さが変動しても、受信出力をほぼ一定にする。

4　受信電波の周波数の変化を振幅の変化に変換し、信号を取り出す。

〔11〕 図は、周波数シンセサイザの構成例を示したものである。□内に入れるべき名称の組合せで、正しいのは次のうちどれか。

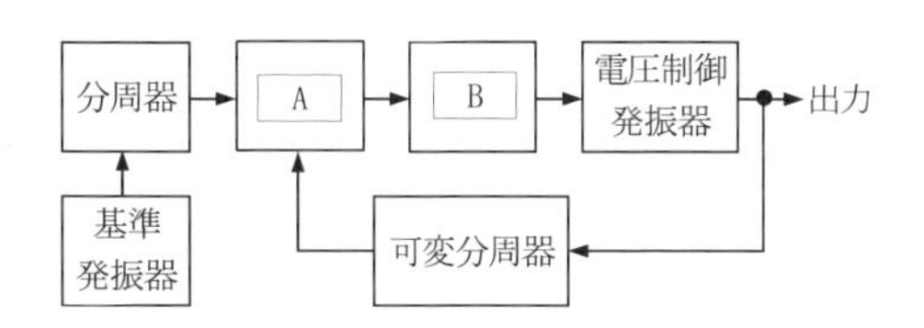

	A	B
1	位相比較器	低域フィルタ（LPF）
2	位相比較器	高域フィルタ（HPF）
3	IDC	低域フィルタ（LPF）
4	IDC	高域フィルタ（HPF）

〔12〕 パルスレーダーの最大探知距離を大きくするための方法で、誤っているのは次のうちどれか。

1　送信電力を大きくする。

2　受信機の感度を良くする。

3　アンテナの高さを高くする。

4　パルス幅を狭くし、パルス繰返し周波数を高くする。

▶ 解答・解説

問 題	解 答	問 題	解 答	問 題	解 答	問 題	解 答
〔1〕	1	〔2〕	4	〔3〕	2	〔4〕	1
〔5〕	2	〔6〕	3	〔7〕	2	〔8〕	3
〔9〕	4	〔10〕	3	〔11〕	1	〔12〕	4

〔1〕

電力の式 $P=E^2/R$ において抵抗 R の大きさを2倍にすると、

$$P=\frac{E^2}{2R}=\frac{1}{2}\times\frac{E^2}{R}$$

となり、消費電力は $\frac{1}{2}$ 倍となる。

〔2〕

4　大容量、かつ高速な信号処理回路が**作れる**。

〔4〕

超短波帯では電波の直進性を利用するので、アンテナのビームを水平にすると通信可能な距離は延びる。高角度にすると通信可能な距離が延びないだけでなく、受信点に到達する電波の強度が弱くなってしまう。

〔6〕

電流計は測定回路に直列に、電圧計は測定回路に並列に接続する。また、計器の + 端子を電池の + 側に、− 端子を電池の − 側に接続する。

〔7〕

振幅変調波の周波数分布は次のようになる。

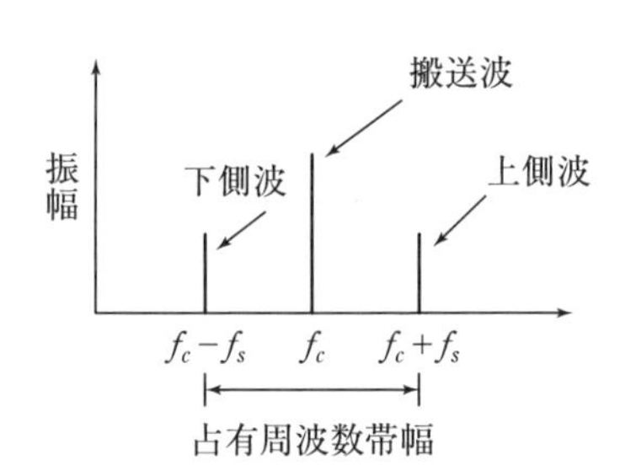

〔8〕

3　このシステムは、VSAT 地球局相互間で**音声、データ、映像などの通信**を行う。

〔12〕

4　パルス幅を**広く**し、パルス繰返し周波数を**低く**する。

平成30年6月期

〔1〕 図に示す回路の端子 ab 間の合成抵抗の値として、正しいのは次のうちどれか。

1　3〔kΩ〕
2　6〔kΩ〕
3　14〔kΩ〕
4　20〔kΩ〕

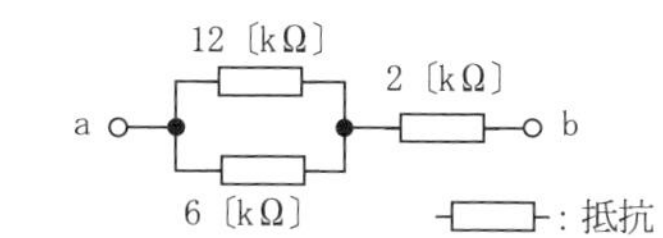

〔2〕 電界効果トランジスタ（FET）の電極と一般の接合形トランジスタの電極との組合せで、その働きが対応しているのは、次のうちどれか。

1　ソース　コレクタ　　2　ゲート　ベース
3　ドレイン　エミッタ　　4　ドレイン　ベース

〔3〕 1個の電圧及び容量が、6〔V〕、60〔Ah〕の蓄電池を3個直列に接続したときの合成電圧及び合成容量の組合せで、正しいのは次のうちどれか。

	合成電圧	合成容量		合成電圧	合成容量
1	6〔V〕	60〔Ah〕	2	6〔V〕	180〔Ah〕
3	18〔V〕	60〔Ah〕	4	18〔V〕	180〔Ah〕

〔4〕 次の記述は、マイクロ波（SHF）帯の電波伝搬の特徴について述べたものである。正しいのはどれか。

1　空電や人工雑音等の外部雑音の影響が大きい。
2　大気の屈折率の変化に影響されない。
3　電離層で反射し遠距離まで伝わる。
4　電波の直進性が良い。

〔5〕 超短波（VHF）帯に用いられるアンテナで、通常、水平面内の指向性が全方向性（無指向性）のアンテナは、次のうちどれか。

1　ブラウンアンテナ　　2　コーナレフレクタアンテナ
3　八木・宇田アンテナ（八木アンテナ）　　4　水平半波長ダイポールアンテナ

〔6〕 抵抗 R に流れる直流電流を測定するときの電流計 A のつなぎ方で、正しいのは次のうちどれか。

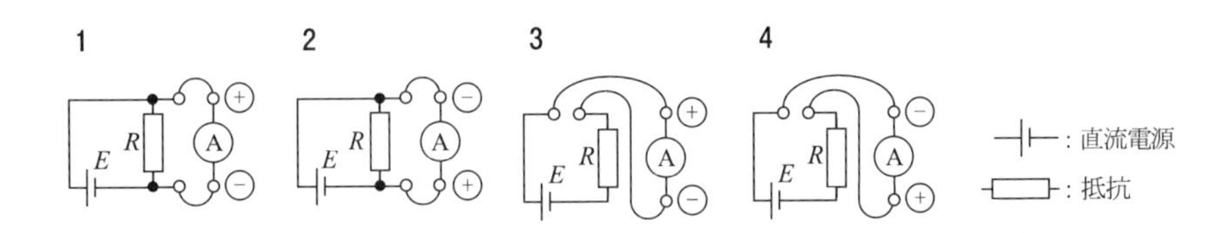

〔7〕 次の記述は、デジタル変調について述べたものである。□内に入れるべき字句の組合せで、正しいのはどれか。

FSKは、ベースバンド信号に応じて搬送波の[A]を切り替える方式である。

また、4値FSKは、1回の変調で[B]ビットの情報を伝送できる。

	A	B
1	周波数	3
2	振幅	3
3	周波数	2
4	振幅	2

〔8〕 FM（F3E）受信機において、受信電波の無いときに、スピーカから出る大きな雑音を消すために用いる回路はどれか。

1 スケルチ回路　2 振幅制限回路　3 AGC回路　4 周波数弁別回路

〔9〕 次の記述は、FM（F3E）送信機を構成しているある回路について述べたものである。正しいのはどれか。

この回路は、過大な変調入力（音声信号）があっても、周波数偏移を一定に抑えるため、周波数変調器の入力側に設けられる。

1 IDC回路　2 AGC回路　3 スケルチ回路　4 周波数弁別器

〔10〕 パルスレーダーにおいて、最小探知距離の機能を向上させるためには、次に挙げた方法のうち、適切なものはどれか。

1 パルス幅を狭くする。
2 アンテナの垂直面内のビーム幅を狭くする。
3 アンテナの水平面内のビーム幅を広くする。
4 アンテナの高さを高くする。

〔11〕 衛星通信におけるVSATシステムに関する次の記述のうち、誤っているのはどれか。

1 このシステムは、VSAT地球局相互間で音声通信のみを行う。
2 VSAT地球局の送信周波数は、VSAT制御地球局で制御される。

3　VSAT 制御地球局の送受信装置には、大電力増幅器と低雑音増幅器が使用されている。

4　宇宙局と VSAT 地球局間の使用電波として、14〔GHz〕帯と 12〔GHz〕帯等の SHF 帯の周波数が用いられている。

〔12〕 単信方式の FM（F3E）送受信装置において、プレストークボタンを押すとどのような状態になるか。

1　アンテナが受信機に接続され、送信状態となる。
2　アンテナが受信機に接続され、受信状態となる。
3　アンテナが送信機に接続され、受信状態となる。
4　アンテナが送信機に接続され、送信状態となる。

▶ 解答・解説

問 題	解 答	問 題	解 答	問 題	解 答	問 題	解 答
〔1〕	2	〔2〕	2	〔3〕	3	〔4〕	4
〔5〕	1	〔6〕	3	〔7〕	3	〔8〕	1
〔9〕	1	〔10〕	1	〔11〕	1	〔12〕	4

〔1〕

並列接続した抵抗の合成抵抗値 R〔Ω〕は、各抵抗の抵抗値を R_1、R_2、… R_n とすれば、次式のようになる。

$$R=\frac{1}{\frac{1}{R_1}+\frac{1}{R_2}+\cdots+\frac{1}{R_n}}$$

したがって、問題の二つの抵抗12〔kΩ〕と6〔kΩ〕の場合は次のようになる。

$$R=\frac{1}{\frac{1}{12}+\frac{1}{6}}=\frac{12\times 6}{12+6}=4\text{〔kΩ〕}$$

この合成抵抗 R と 2〔kΩ〕との直列接続の抵抗値 R_0 を求めると、これらの和となるので、

$$R_0=4+2=6\text{〔kΩ〕}$$

〔3〕

3個直列に接続した場合の合成電圧は電池1個の電圧の3倍の18〔V〕となり、合成容量は電池1個の容量と同じ60〔Ah〕となる。

〔6〕

電流計は測定回路に直列に接続する。また、計器の＋端子を電池の＋側に、－端子を電池の－側に接続する。

〔7〕

FSK（Frequency Shift Keying：周波数シフト変調）は、ベースバンドの信号に応じて搬送波の周波数を切り替える方式である。

4値FSKは4値の周波数を用いて1回の変調で2ビットの情報を送ることができる。

〔9〕

IDC（Instantaneous Deviation Control：瞬時偏移制御）回路は、過大な変調入力があっても、周波数偏移が一定値以上に広がらないように制御し、占有周波数帯幅を許容値内に維持し、隣接チャネルへの干渉を防ぐものである。

〔10〕

最小探知距離はパルス幅をτ〔μs〕とすれば150τ〔m〕であり、パルス幅τを狭くするほど最小探知距離は短くなり、近距離の目標を探知できる。

（また、アンテナを**低く**したり、垂直面内のビーム幅を**広げる**ことにより、最小探知距離は短くなる。）

〔11〕

1　このシステムは、VSAT地球局相互間で**音声、データ、映像などの通信**を行う。

平成30年10月期

〔1〕 図に示す回路の端子 ab 間の合成静電容量は、幾らになるか。

1 10〔μF〕

2 12〔μF〕

3 25〔μF〕

4 50〔μF〕

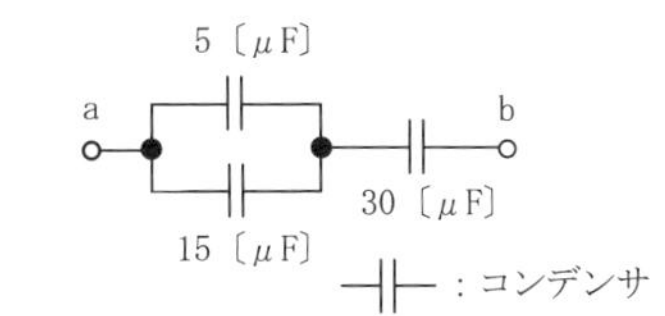

〔2〕 図に示す電界効果トランジスタ（FET）の図記号において、電極名の組合せとして、正しいのは次のうちどれか。

	①	②	③
1	ゲート	ソース	ドレイン
2	ソース	ドレイン	ゲート
3	ドレイン	ゲート	ソース
4	ゲート	ドレイン	ソース

〔3〕 高周波電流を測定するのに最も適している指示計器は、次のうちどれか。

1 可動鉄片形電流計　　2 電流力計形電流計

3 熱電対形電流計　　4 整流形電流計

〔4〕 次の記述は、$\frac{1}{4}$波長垂直接地アンテナについて述べたものである。誤っているのはどれか。

1 電流分布は先端で最大、底部で零となる。

2 指向性は、水平面内では全方向性（無指向性）である。

3 固有周波数の奇数倍の周波数にも同調する。

4 接地抵抗が小さいほど効率がよい。

〔5〕 次の記述は、超短波（VHF）帯の電波の伝わり方について述べたものである。誤っているのはどれか。

1 光に似た性質で、直進する。

2 見通し距離内の通信に適する。

3 通常、電離層を突き抜けてしまう。

4 伝搬途中の地形や建物の影響を受けない。

〔6〕 端子電圧 6〔V〕、容量（10時間率）60〔Ah〕の充電済みの鉛蓄電池に、6〔A〕で動作する装置を接続すると、通常、何時間まで連続動作をさせることができるか。

1　3時間　　2　6時間　　3　10時間　　4　20時間

〔7〕 次の記述の［　　］内に入れるべき字句の組合せで、正しいのはどれか。

AM変調は、信号波に応じて搬送波の［ A ］を変化させる。

FM変調は、信号波に応じて搬送波の［ B ］を変化させる。

	A	B
1	振幅	周波数
2	振幅	振幅
3	周波数	周波数
4	周波数	振幅

〔8〕 レーダーにマイクロ波（SHF）が用いられる理由で、誤っているのは次のうちどれか。

1　波長が短いので、小さな物標からでも反射がある。
2　アンテナを小形にでき、尖鋭なビームを得ることが容易である。
3　空電の妨害を受けることが少ない。
4　豪雨、豪雪でも小さな物標を見分けられる。

〔9〕 次の記述は、静止衛星通信について述べたものである。誤っているのは次のうちどれか。

1　衛星の軌道は、赤道上空の円軌道である。
2　衛星の太陽電池の機能が停止する食は、夏至及び冬至の時期に発生する。
3　地上での自然災害の影響を受けにくい。
4　使用周波数が高くなるほど、降雨による影響が大きくなる。

〔10〕 スーパヘテロダイン受信機の検波器の働きで、正しいのは次のうちどれか。

1　受信入力信号を中間周波数に変える。
2　音声周波数の信号を十分な電力まで増幅する。
3　中間周波出力信号から音声周波数の信号を取り出す。
4　受信入力信号から直接音声周波数の信号を取り出す。

〔11〕 次の記述は、下記のどの多元接続方式について述べたものか。

下の概念図に示すように、個々のユーザに使用するチャネルとして極めて短い時間を個別に割り当てる方式であり、チャネルとチャネルの間にガードタイムを設けている。

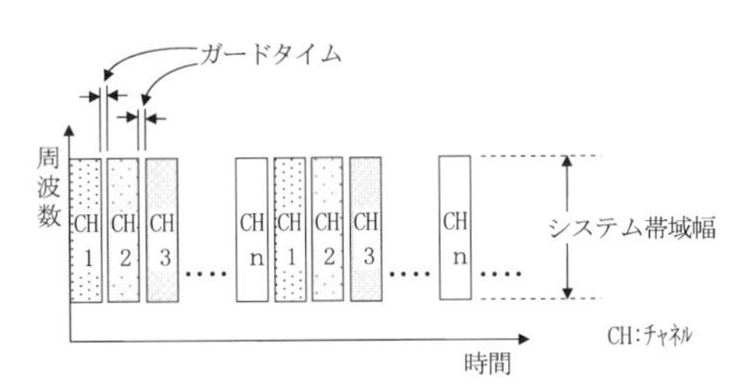

1 FDMA
2 TDMA
3 CDMA
4 OFDMA

〔12〕 FM（F3E）送受信装置において、プレストークボタンを押したのに電波が発射されなかった。この場合、点検しなくてよいのは次のうちどれか。

1 送話器のコネクタ　　2 周波数の切換スイッチ
3 スケルチ調整つまみ　　4 アンテナの接続端子

▶ 解答・解説

問 題	解 答	問 題	解 答	問 題	解 答	問 題	解 答
〔1〕	2	〔2〕	4	〔3〕	3	〔4〕	1
〔5〕	4	〔6〕	3	〔7〕	1	〔8〕	4
〔9〕	2	〔10〕	3	〔11〕	2	〔12〕	3

〔1〕

コンデンサ C_1〔μF〕、C_2〔μF〕を並列接続したコンデンサの合成静電容量 C〔F〕は、次式のようになる。

$$C=C_1+C_2 \text{〔μF〕}$$

したがって、5〔μF〕と15〔μF〕の並列接続したコンデンサの合成静電容量を求めると

$$C=5+15=20 \text{〔μF〕} \quad \cdots①$$

一方、コンデンサ C_1〔μF〕、C_2〔μF〕を直列接続したコンデンサの合成静電容量 C〔F〕は、次式のようになる。

$$C=\frac{1}{\frac{1}{C_1}+\frac{1}{C_2}}=\frac{C_1\times C_2}{C_1+C_2} \quad \cdots②$$

したがって、①の結果から左側の並列接続のコンデンサの合成容量が20〔μF〕であることを踏まえ、20〔μF〕と30〔μF〕の直列接続したコンデンサの合成静電容量を②式で求める。

$$C=\frac{1}{\frac{1}{20}+\frac{1}{30}}=\frac{20\times 30}{20+30}=12 \text{〔}\mu\text{F〕}$$

〔2〕

FETのPチャネルの図記号

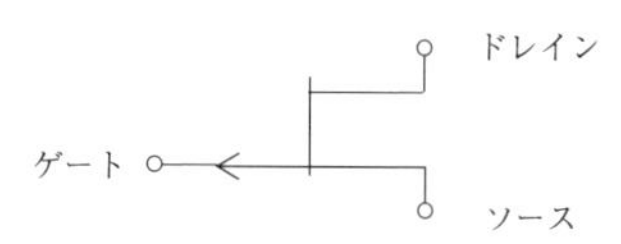

〔4〕

1　電流分布は先端で**零**、底部で**最大**となる。

〔5〕

4　伝搬途中の地形や建物の影響を**受けやすい**。

〔6〕

電池の容量は〔Ah〕(アンペア・アワー)で表され、取り出すことのできる電流I〔A〕とその継続時間h〔時間〕の積で表される。電池の容量をWとすれば、$W=I\times h$となる。

したがって、

$$h=\frac{W}{I} \text{〔時間〕}$$

これに題意の数値を代入すると、次のようになる。

$$h=\frac{60}{6}=10 \text{〔時間〕}$$

〔8〕

マイクロ波は、雨、雪など気象の影響を受けやすいという特性がある。

〔9〕

2　衛星の太陽電池の機能が停止する食は、**春分**及び**秋分**の時期に発生する。

〔10〕

1、2、4について、正しくは以下のとおり。

1　周波数変換器の働きである。

2　低周波増幅器の働きである。

4　ダイレクトコンバージョン受信機の動作である。

〔12〕

スケルチを調整するのは受信のときで、プレストークボタンを押した送信状態では点検しなくてもよい。

平成31年2月期

〔1〕 図に示す回路の端子ab間の合成抵抗の値として、正しいのは次のうちどれか。

1　3〔kΩ〕
2　5〔kΩ〕
3　8〔kΩ〕
4　10〔kΩ〕

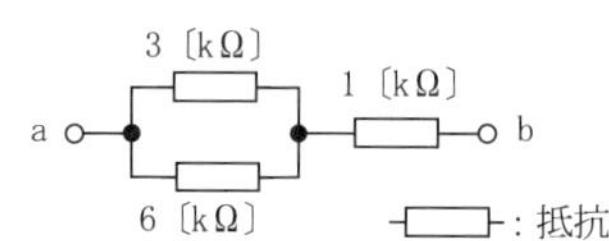

〔2〕 半導体を用いた電子部品の温度が上昇すると、一般にその部品に起こる変化として、正しいのは次のうちどれか。

1　半導体の抵抗が増加し、電流が減少する。
2　半導体の抵抗が増加し、電流が増加する。
3　半導体の抵抗が減少し、電流が減少する。
4　半導体の抵抗が減少し、電流が増加する。

〔3〕 超短波（VHF）帯に用いられるアンテナで、通常、水平面内の指向性が全方向性（無指向性）でないアンテナはどれか。

1　ホイップアンテナ　　2　ブラウンアンテナ
3　八木・宇田アンテナ（八木アンテナ）　　4　垂直半波長ダイポールアンテナ

〔4〕 次の記述は、超短波（VHF）帯の電波の伝わり方について述べたものである。正しいのはどれか。

1　雨滴による減衰を受けやすい。　　2　光に似た性質で、直進する。
3　通常、電離層で反射される。　　4　伝搬途中の地形や建物の影響を受けない。

〔5〕 1個の電圧及び容量が6〔V〕、60〔Ah〕の蓄電池を3個直列に接続したとき、合成電圧及び合成容量の組合せで、正しいのは次のうちどれか。

	合成電圧	合成容量		合成電圧	合成容量
1	6〔V〕	60〔Ah〕	2	6〔V〕	180〔Ah〕
3	18〔V〕	60〔Ah〕	4	18〔V〕	180〔Ah〕

〔6〕 アナログ方式の回路計（テスタ）を用いて密閉型ヒューズ単体の断線を確かめるには、どの測定レンジを選べばよいか。

1　OHMS　　2　AC VOLTS　　3　DC VOLTS　　4　DC MILLI AMPERES

〔7〕 次の記述は、デジタル変調について述べたものである。□内に入れるべき字句の組合せで、正しいのはどれか。

QAM（直交振幅変調）は、ベースバンド信号に応じて搬送波の[A]と位相を変化させる方式である。

また、16QAMは、1回の変調で[B]ビットの情報を伝送できる。

	A	B		A	B
1	振幅	2	2	周波数	2
3	振幅	4	4	周波数	4

〔8〕 AM（A3E）通信方式と比べたときのFM（F3E）通信方式の一般的な特徴で、誤っているのはどれか。

1 占有周波数帯幅が狭い。
2 振幅性の雑音に強い。
3 装置の回路構成が多少複雑である。
4 受信機出力の信号対雑音比が良い。

〔9〕 レーダー受信機において、最も影響の大きい雑音は次のうちどれか。

1 空電による雑音
2 受信機の内部雑音
3 電気器具による雑音
4 電動機による雑音

〔10〕 次の記述は、静止衛星通信について述べたものである。誤っているのはどれか。

1 衛星の太陽電池の機能が停止する食は、春分及び秋分の時期に発生する。
2 衛星を見通せる2点間の通信は、通常行うことができる。
3 使用周波数が高くなるほど、降雨による影響が少なくなる。
4 地上での自然災害の影響を受けにくい。

〔11〕 送信機の緩衝増幅器は、どのような目的で設けられているか。

1 所要の送信機出力まで増幅する。
2 発振周波数の整数倍の周波数を取り出すため。
3 終段増幅器の入力として十分な励振電圧を得るため。
4 後段の影響により発振器の発振周波数が変動するのを防ぐため。

〔12〕 次の記述の□内に入れるべき字句として正しいのはどれか。

PCM送信装置において、一定の時間間隔で入力のアナログ信号の振幅を取り出すことを□という。

1 復号化　　2 符号化　　3 量子化　　4 標本化

▶ 解答・解説

問 題	解 答	問 題	解 答	問 題	解 答	問 題	解 答
〔1〕	1	〔2〕	4	〔3〕	3	〔4〕	2
〔5〕	3	〔6〕	1	〔7〕	3	〔8〕	1
〔9〕	2	〔10〕	3	〔11〕	4	〔12〕	4

〔1〕

並列接続した抵抗の合成抵抗値 R〔Ω〕は、各抵抗の抵抗値を R_1、R_2、… R_n とすれば、次式のようになる。

$$R=\frac{1}{\dfrac{1}{R_1}+\dfrac{1}{R_2}+\cdots+\dfrac{1}{R_n}}$$

したがって、問題の二つの抵抗 3〔kΩ〕と 6〔kΩ〕の場合は次のようになる。

$$R=\frac{1}{\dfrac{1}{3}+\dfrac{1}{6}}=\frac{3\times6}{3+6}=2\text{〔kΩ〕}$$

この合成抵抗 R と 1〔kΩ〕との直列接続の抵抗値 R_0 を求めると、これらの和となるので、

$$R_0=2+1=3\text{〔kΩ〕}$$

〔3〕

八木・宇田アンテナ（八木アンテナ）の水平面の指向特性は、導波器の方向に鋭い。

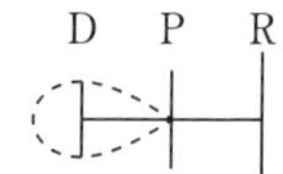

D：導波器
P：放射器
R：反射器

〔4〕

選択肢 **1**、**3**、**4** の正しい記述は以下のとおり。

1　雨滴による減衰を受け**にくい**。

3　通常、電離層を**突き抜ける**。

4　伝搬途中の地形や建物の影響を受け**やすい**。

〔5〕

3個直列に接続した場合の合成電圧は電池1個の電圧の3倍の18〔V〕となり、合成容量は電池1個の容量と同じ60〔Ah〕となる。

〔6〕

OHMSは導通試験と抵抗測定、AC VOLTSは交流電圧、DC VOLTSは直流電圧、DC MILLI AMPERESは直流電流のときの測定レンジである。したがって、ヒューズ単体の断線を確かめるのは、OHMSである。

〔8〕

1　占有周波数帯幅が**広い**。

〔10〕

3　使用周波数が高くなるほど、降雨による減衰が**大きくなる**。

令和元年6月期

〔1〕 図に示す回路において、抵抗 R の値の大きさを2分の1倍（1/2倍）にすると、回路に流れる電流 I は、元の値の何倍になるか。

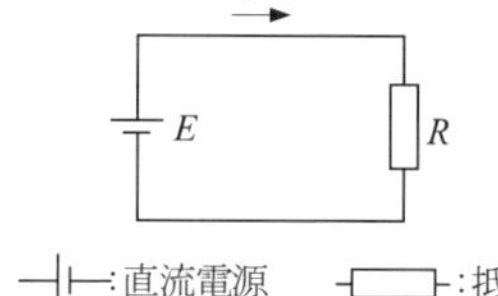

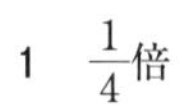

1 $\frac{1}{4}$倍　　2 $\frac{1}{2}$倍

3 2倍　　4 4倍

〔2〕 次のダイオードのうち、マイクロ波の発振が可能なものはどれか。

1 ホトダイオード　　2 ガンダイオード

3 ツェナーダイオード　　4 発光ダイオード

〔3〕 次の記述は、図に示す八木・宇田アンテナ（八木アンテナ）について述べたものである。　　内に入れるべき字句の組合せで、正しいのはどれか。

全アンテナ素子を水平にしたときの水平面内の指向性は［A］である。導波器の素子数を増やせば利得は大きくなり、ビーム幅は［B］なる。

	A	B
1	単一指向性	狭く
2	単一指向性	広く
3	全方向性	広く
4	全方向性	狭く

反射器
放射器
導波器
←同軸給電線

〔4〕 次の記述は、超短波（VHF）帯の電波の伝わり方について述べたものである。誤っているのはどれか。

1 光に似た性質で、直進する。

2 伝搬途中の地形や建物の影響を受けない。

3 通常、電離層を突き抜けてしまう。

4 見通し距離内の通信に適する。

〔5〕 端子電圧6〔V〕、容量（10時間率）60〔Ah〕の充電済みの鉛蓄電池を2個並列に接続し、これに電流が12〔A〕流れる負荷を接続して使用したとき、この蓄電池は通常何時間まで連続して使用することができるか。

1 3時間　　2 6時間　　3 10時間　　4 20時間

〔6〕 一般に使用されているアナログ方式の回路計（テスタ）で、直接測定できないのは、次のうちどれか。

1 交流電圧　　2 抵抗　　3 直流電流　　4 高周波電流

〔7〕 周波数f_Cの搬送波を周波数f_Sの信号波で振幅変調（DSB）を行ったときの占有周波数帯幅は、次のうちどれか。

1　f_C+f_S　　2　f_C-f_S　　3　$2f_C$　　4　$2f_S$

〔8〕 図は、FM（F3E）受信機の構成の一部を示したものである。空欄の部分の名称の組合せで正しいのはどれか。

	A	B
1	周波数変換器	スケルチ回路
2	周波数変換器	AGC 回路
3	振幅制限器	スケルチ回路
4	振幅制限器	AGC 回路

〔9〕 次の記述は、受信機の性能のうち何について述べたものか。

多数の異なる周波数の電波の中から混信を受けないで、目的とする電波を選び出すことができる能力を表す。

1　感度　　2　選択度　　3　忠実度　　4　安定度

〔10〕 次の記述は、静止衛星通信における VSAT システムについて述べたものである。正しいのはどれか。

1　使用される衛星はインマルサット衛星である。
2　使用される周波数帯は 1.5〔GHz〕帯と 1.6〔GHz〕帯である。
3　VSAT 地球局の送信周波数は、VSAT 制御地球局で制御される。
4　VSAT 地球局は小形軽量の装置で、車両で走行中の通信に使用される。

〔11〕 レーダーで物標までの距離を測定するとき、測定誤差を少なくするための操作として、適切なのは次のうちどれか。

1　可変距離目盛を用い、距離レンジを最大に切り替えて読み取る。
2　物標映像のスコープ中心側の外郭に、可変距離目盛の外端を接触させて読み取る。
3　物標映像の中心点に、可変距離目盛を正しく重ねて読み取る。
4　固定距離目盛を用い、その目盛と目盛の間を目分量で読み取る。

〔12〕 無線受信機において、通常、受信に障害を与える雑音の原因にならないのは、次のうちどれか。

1　電源用電池の容量低下　　2　高周波加熱装置　　3　発電機のブラシの火花
4　給電線のコネクタのゆるみによるアンテナとの接触不良

▶ **解答・解説**

問　題	解　答	問　題	解　答	問　題	解　答	問　題	解　答
〔1〕	3	〔2〕	2	〔3〕	1	〔4〕	2
〔5〕	3	〔6〕	4	〔7〕	4	〔8〕	3
〔9〕	2	〔10〕	3	〔11〕	2	〔12〕	1

〔1〕

電力の式 $P = E^2/R$ において R を2分の1倍にすると、

$$P = \frac{E^2}{R/2} = 2 \times \frac{E^2}{R}$$

となり、消費電力は2倍となる。

〔4〕

2　伝搬途中の地形や建物の影響を**受けやすい**。

〔5〕

電池の容量は〔Ah〕（アンペア・アワー）で表され、取り出すことのできる電流 I〔A〕とその継続時間 h〔時間〕の積で表される。電池の容量を W とすれば、$W = I \times h$ となる。したがって、

$$h = \frac{W}{I}\text{〔時間〕}$$

これに題意の数値を代入（電池の容量は60〔Ah〕の電池を2個並列に接続しているので合成容量は120〔Ah〕）すると次のようになる。

$$h = \frac{120}{12} = 10\text{〔時間〕}$$

〔7〕

搬送波の周波数を f_C、信号波の周波数を f_S とすれば、AM変調（A3E）したときの周波数成分は図のようになる。したがって、占有周波数帯幅は $(f_C + f_S) - (f_C - f_S) = 2f_S$ となる。

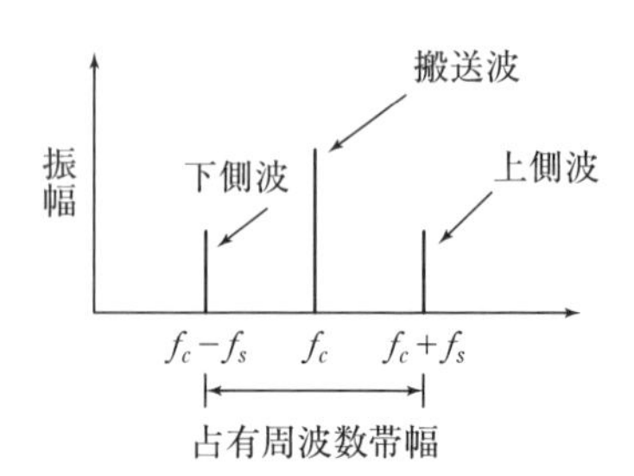

〔9〕

選択肢1、3、4の説明は以下のとおり。

1 感度：どの程度まで弱い電波を受信できるかの能力を表すもの。

3 忠実度：送信機から送られた信号を受信した場合、受信機の出力側でどれだけ正しく元の信号を再現できるかの能力を表すもの。

4 安定度：受信機に一定振幅、一定周波数の信号入力を加えた場合、再調整を行わず、どの程度長時間にわたって一定の出力が得られるかの能力を表すもの。

令和元年10月期

〔1〕 図に示す回路において、抵抗 R の値の大きさを2分の1倍（1/2倍）にすると、R で消費する電力は、何倍になるか。

1 $\frac{1}{4}$倍　　2 $\frac{1}{2}$倍

3 2倍　　4 4倍

E　R

:直流電源　:抵抗

〔2〕 次のダイオードのうち、一般に定電圧回路に用いられるのはどれか。

1 バラクタダイオード　　2 ツェナーダイオード

3 発光ダイオード　　4 ホトダイオード

〔3〕 超短波（VHF）帯を使った見通し外の遠距離の通信において、伝搬路上に山岳が有り、送受信点のそれぞれからその山頂が見通せるとき、比較的安定した通信ができることがあるのは、一般にどの現象によるものか。

1 電波が直進する。　　2 電波が干渉する。

3 電波が屈折する。　　4 電波が回折する。

〔4〕 図の破線は、水平設置の八木・宇田アンテナ（八木アンテナ）の水平面内指向性を示したものであるが、正しいのはどれか。ただし、D は導波器、P は放射器、R は反射器とする。

1 D P R

2 D P R

3 D P R

4

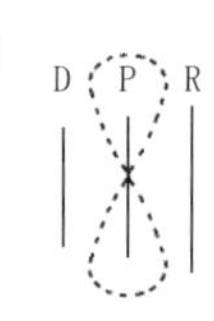

〔5〕 電池の記述で、誤っているのはどれか。

1 容量を大きくするには、電池を並列に接続する。

2 蓄電池は、化学エネルギーを電気エネルギーとして取り出す。

3 リチウムイオン蓄電池は、ニッケルカドミウム蓄電池と異なり、メモリー効果がないので継ぎ足し充電が可能である。

4 鉛蓄電池は、一次電池である。

〔6〕 抵抗 R の両端の直流電圧を測定するときの電圧計 V のつなぎ方で、正しいのは次のうちどれか。

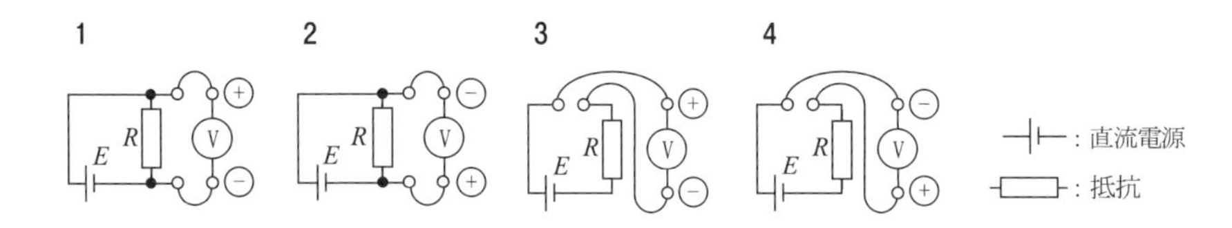

〔7〕 次の記述は、デジタル変調について述べたものである。□内に入れるべき字句の組合せで、正しいのはどれか。

PSKは、ベースバンド信号に応じて搬送波の[A]を切り替える方式である。

また、QPSKは、1回の変調で[B]ビットの情報を伝送できる。

	A	B		A	B
1	振幅	3	2	振幅	2
3	位相	3	4	位相	2

〔8〕 無線受信機において、通常、受信に障害を与える雑音の原因にならないのは、次のうちどれか。

1 発電機のブラシの火花
2 給電線のコネクタのゆるみによるアンテナとの接触不良
3 高周波加熱装置
4 電源用電池の容量低下

〔9〕 次の記述は、受信機の性能のうち何について述べたものか。

周波数及び強さが一定の電波を受信しているとき、受信機の再調整を行わず、長時間にわたって一定の出力を得ることができる能力を表す。

1 忠実度　2 選択度　3 安定度　4 感度

〔10〕 静止衛星通信についての次の記述のうち、正しいのはどれか。

1 使用周波数が高くなるほど、降雨による影響が大きくなる。
2 静止衛星通信では、極軌道衛星が用いられている。
3 衛星の太陽電池の機能が停止する食は、夏至及び冬至の時期に発生する。
4 多元接続が困難なので、柔軟な回線設定ができない。

〔11〕 AM（A3E）通信方式と比べたときのFM（F3E）通信方式の一般的な特徴で、誤っているのはどれか。

1 振幅性の雑音に強い。
2 占有周波数帯幅が狭い。
3 装置の回路構成が多少複雑である。
4 受信機出力の信号対雑音比が良い。

〔12〕 パルスレーダーの最小探知距離を小さくするための方法で、正しいのは次のうちどれか。

1 パルス幅を狭くする。
2 アンテナの垂直面内指向性を鋭くする。
3 アンテナの高さを高くする。
4 パルス繰返し周波数を低くする。

▶ 解答・解説

問 題	解 答	問 題	解 答	問 題	解 答	問 題	解 答
〔1〕	3	〔2〕	2	〔3〕	4	〔4〕	3
〔5〕	4	〔6〕	1	〔7〕	4	〔8〕	4
〔9〕	3	〔10〕	1	〔11〕	2	〔12〕	1

〔1〕

電力の式 $P=E^2/R$ において R を 2 分の 1 倍にすると、

$$P=\frac{E^2}{R/2}=2\times\frac{E^2}{R}$$

となり、消費電力は 2 倍となる。

〔3〕

電波は山や建物などの障害物の裏側へ回り込む性質がある。これを回折現象といい、周波数が低いほど大きく回り込む。

〔5〕

4 鉛蓄電池は、**二次電池**である。

〔6〕

電圧計は負荷 R と並列にし、電圧計の + 端子を電池の + 側に、また、− 端子を電池の − 側に接続する。

〔9〕

選択肢 1 、 2 、 4 の説明は以下のとおり。

1 忠実度：送信機から送られた信号を受信した場合、受信機の出力側でどれだけ正しく元の信号を再現できるかの能力を表すもの。

2　選択度：受信しようとする電波を多数の電波の中からどの程度まで分離して、混信なく受信できるかの能力を表すもの。

4　感度：どの程度まで弱い電波を受信できるかの能力を表すもの。

〔10〕

2　静止衛星通信は、**赤道上空約36,000〔km〕の静止衛星軌道**を用いる静止衛星を使う。

3　静止衛星の太陽電池の機能が停止する食は、**春分**及び**秋分**の時期に発生する。

4　多元接続が**容易なので**、柔軟な回線設定が**できる**。

〔11〕

2　占有周波数帯幅が**広い**。

令和２年２月期

〔１〕 次に挙げた消費電力 P を表す式において、誤っているのはどれか。ただし、E は電圧、I は電流、R は抵抗とする。

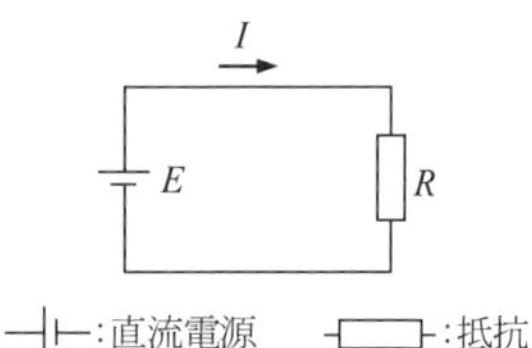

1 $P = EI$

2 $P = E^2/R$

3 $P = I^2\mathrm{R}$

4 $P = E^2/I$

〔２〕 図のようなトランジスタに流れる電流の性質で、誤っているのはどれか。

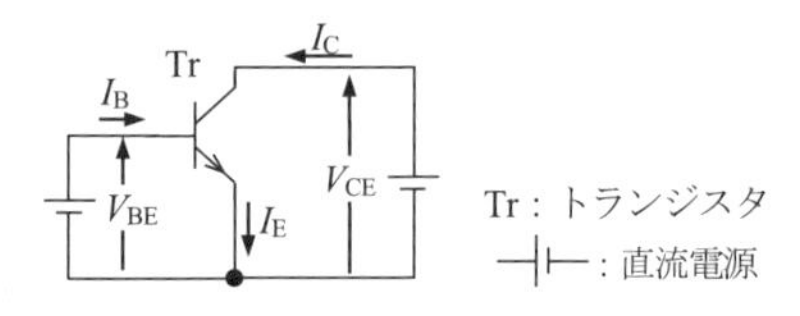

1 I_C は I_B によって大きく変化する。

2 I_B は V_{BE} によって大きく変化する。

3 I_C は I_E よりもわずかに大きい。

4 I_E は I_C と I_B の和である。

〔３〕 図は、各種のアンテナの水平面内の指向性を示したものである。一般的なブラウンアンテナの特性は、次のうちどれか。なお点 P はアンテナの位置を示す。

1 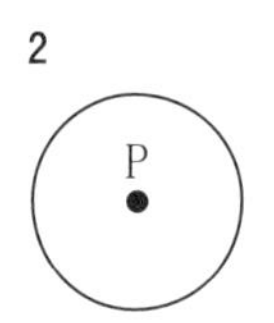

2 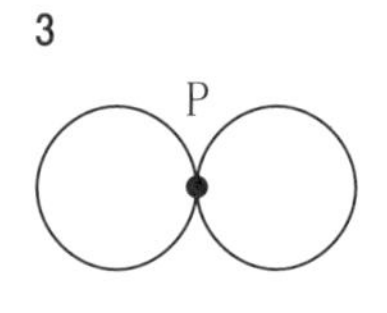

3

4 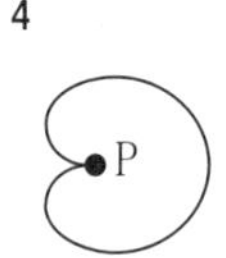

〔４〕 超短波（VHF）帯を使った見通し外の遠距離の通信において、伝搬路上に山岳が有り、送受信点のそれぞれからその山頂が見通せるとき、比較的安定した通信ができることがあるのは、一般にどの現象によるものか。

1 電波が直進する。　　2 電波が屈折する。

3 電波が回折する。　　4 電波が干渉する。

〔５〕 次の記述の［　　］内に入れるべき字句の組合せで、正しいのはどれか。

一般に、充放電が可能な［ A ］電池の一つに［ B ］があり、ニッケルカドミウム蓄電池に比べて、自己放電が少なく、メモリー効果がない等の特徴がある。

	A	B		A	B
1	一次	マンガン乾電池	2	一次	リチウムイオン蓄電池
3	二次	マンガン乾電池	4	二次	リチウムイオン蓄電池

〔6〕 アナログ方式の回路計（テスタ）を用いて密閉型ヒューズ単体の断線を確かめるには、どの測定レンジを選べばよいか。

1　OHMS　　2　AC VOLTS
3　DC VOLTS　　4　DC MILLI AMPERES

〔7〕 図は、振幅が100〔V〕の搬送波を単一正弦波で振幅変調したときの変調波の波形である。変調度が60〔%〕のとき、振幅の最大値 A の値は幾らか。

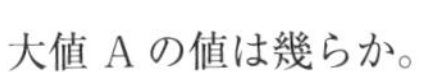

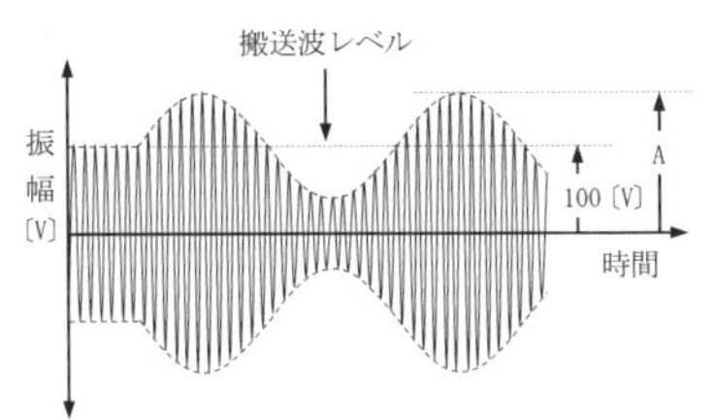

1　140〔V〕
2　160〔V〕
3　180〔V〕
4　200〔V〕

〔8〕 パルスレーダーの最大探知距離を大きくするための条件として、誤っているのは次のうちどれか。

1　送信電力を大きくする。
2　受信機の感度を良くする。
3　パルス幅を狭くし、パルス繰返し周波数を高くする。
4　アンテナの高さを高くする。

〔9〕 図は、直接 FM（F3E）送信装置の構成例を示したものである。［　　］内に入れるべき名称の組合せで、正しいのは次のうちどれか。

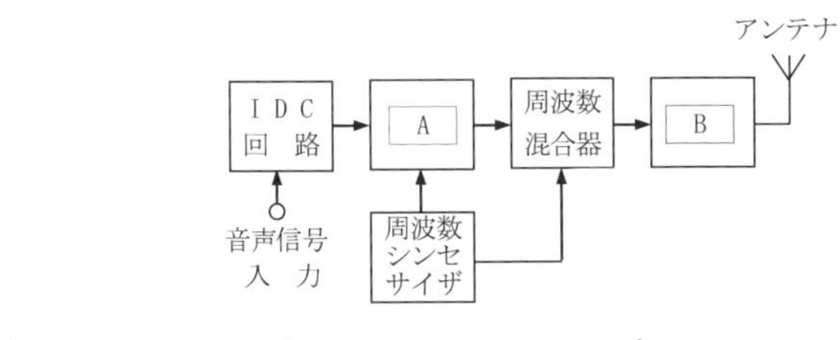

	A	B
1	周波数変調器	電力増幅器
2	周波数変調器	低周波増幅器
3	平衡変調器	電力増幅器
4	平衡変調器	低周波増幅器

〔10〕 次の記述は、下記のどの多元接続方式について述べたものか。

下の概念図に示すように、個々のユーザに使用するチャネルとして極めて短い時間を個別に割り当てる方式であり、チャネルとチャネルの間にガードタイムを設けている。

1 FDMA
2 TDMA
3 CDMA
4 OFDMA

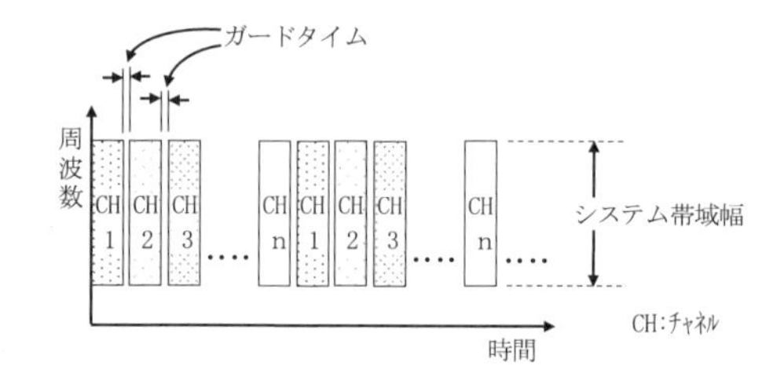

〔11〕 次の記述は、静止衛星通信について述べたものである。誤っているのはどれか。

1 衛星の太陽電池の機能が停止する食は、夏至及び冬至の時期に発生する。
2 衛星の軌道は、赤道上空の円軌道である。
3 使用周波数が高くなるほど、降雨による影響が大きくなる。
4 衛星を見通せる2点間の通信は、常時行うことができる。

〔12〕 FM（F3E）送受信装置の送受信操作で、誤っているのは次のうちどれか。

1 他局が通話中のとき、プレストークボタンを押し送信割り込みをしてはならない。
2 制御器を使用する場合、切替えスイッチは、「遠操」にしておく。
3 音量調整つまみは、最も聞き易い音量に調節する。
4 スケルチ調整つまみは、雑音を消すためのもので、いっぱいに回しておく。

▶ 解答・解説

問題	解答	問題	解答	問題	解答	問題	解答
〔1〕	4	〔2〕	3	〔3〕	2	〔4〕	3
〔5〕	4	〔6〕	1	〔7〕	2	〔8〕	3
〔9〕	1	〔10〕	2	〔11〕	1	〔12〕	4

〔1〕

4 $P = E^2 / R$

〔2〕

3 I_C は I_E よりもわずかに小さい。

〔4〕

電波は山や建物などの障害物の裏側へ回り込む性質がある。これを回折現象といい、周波数が低いほど大きく回り込む。

〔6〕

2～4の測定レンジは次の測定で使用される。

2　交流電圧測定のときの切換レンジである。

3　直流電圧測定のときの切換レンジである。

4　直流電流測定のときの切換レンジである。

〔7〕

変調度Mの計算式は次のとおりである。

$$M = \frac{\text{信号波の振幅}}{\text{搬送波の振幅}} \times 100 \text{〔\%〕}$$

信号波の振幅はA－100〔V〕、搬送波の振幅は100〔V〕であり、変調度は60〔%〕であるのでMは次のようになる。

$$\frac{\mathrm{A}-100}{100} \times 100 \text{〔\%〕} = 60 \text{〔\%〕}$$

$\therefore \quad \mathrm{A} = 160$〔V〕

〔8〕

3　パルス幅を**広く**し、パルス繰返し周波数を**低く**する。

〔11〕

1　衛星の太陽電池の機能が停止する食は、**春分**及び**秋分**の時期に発生する。

〔12〕

4　スケルチ調整つまみは、雑音を消すためのもので、**相手からの送話が無いとき雑音が消える限界点の位置に調整する**。

令和2年10月期

〔1〕 次に挙げた消費電力Pを表す式において、誤っているのはどれか。ただし、Eは電圧、Iは電流、Rは抵抗とする。

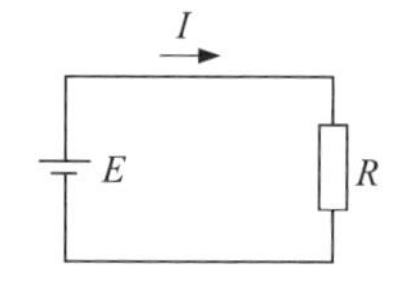

1 $P = EI^2 / R$

2 $P = EI$

3 $P = I^2 R$

4 $P = E^2 / R$

〔2〕 次の記述の□内に入れるべき字句の組合せで、正しいのはどれか。

接合形トランジスタは、三つの層から出来ている。中間の層は[A]く作られた構造をもち、その層を[B]といい、その両側の層を[C]という。

	A	B	C
1	厚	エミッタ	コレクタ及びベース
2	薄	エミッタ	コレクタ及びベース
3	厚	ベース	コレクタ及びエミッタ
4	薄	ベース	コレクタ及びエミッタ

〔3〕 次の記述は、図に示す八木・宇田アンテナ（八木アンテナ）について述べたものである。□内に入れるべき字句の組合せで、正しいのはどれか。

全アンテナ素子を水平にしたときの水平面内の指向性は[A]である。導波器の素子数を増やせば利得は大きくなり、ビーム幅は[B]なる。

	A	B
1	全方向性	広く
2	全方向性	狭く
3	単一指向性	狭く
4	単一指向性	広く

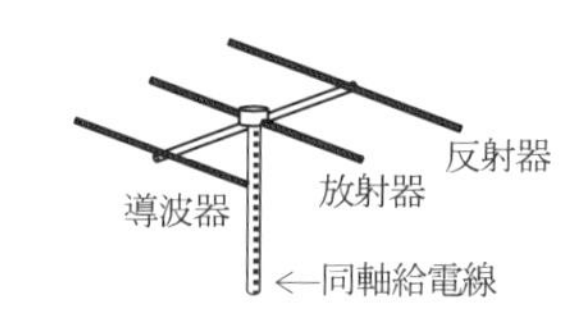

〔4〕 マイクロ波（SHF）帯の電波の伝わり方で、正しいのは次のうちどれか。

1 地表波が遠距離まで減衰しない。

2 電離層で反射し遠距離まで伝わる。

3 雨、雪、霧など気象に影響されない。

4 電波の直進性が強い。

〔5〕 電池の記述で、正しいのはどれか。

1 鉛蓄電池は、一次電池である。
2 蓄電池は、熱エネルギーを電気エネルギーとして取り出す。
3 容量を大きくするには、電池を並列に接続する。
4 リチウムイオン蓄電池は、メモリー効果があるので継ぎ足し充電ができない。

〔6〕 図は、レーダーのパルス波形の概略を示したものである。パルス幅を示すものは、次のうちどれか。

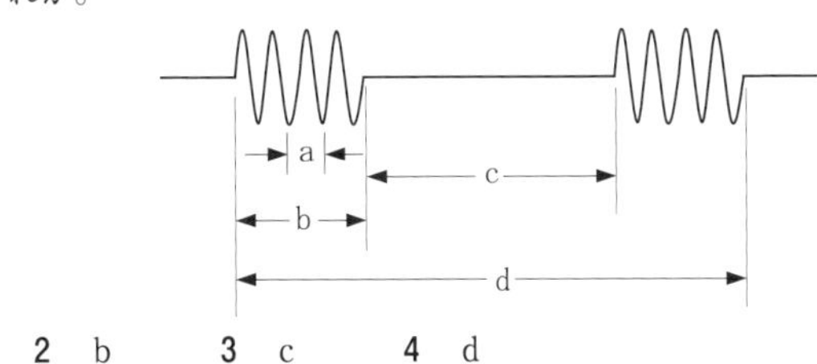

1 a　　2 b　　3 c　　4 d

〔7〕 次の記述は、デジタル変調について述べたものである。□内に入れるべき字句の組合せで、正しいのはどれか。

PSK は、ベースバンド信号に応じて搬送波の［ A ］を切り替える方式である。
また、QPSK は、1回の変調で［ B ］ビットの情報を伝送できる。

	A	B		A	B
1	位相	3	2	位相	2
3	振幅	3	4	振幅	2

〔8〕 次の記述は、受信機の性能のうち何について述べたものか。

周波数及び強さが一定の電波を受信しているとき、受信機の再調整を行わず、長時間にわたって一定の出力を得ることができる能力を表す。

1 選択度　　2 感度　　3 忠実度　　4 安定度

〔9〕 図は、パルス符号変調（PCM）方式を用いた伝送系の原理的な構成例である。

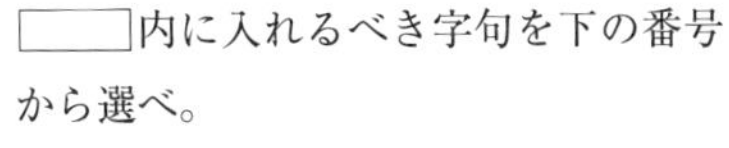
□内に入れるべき字句を下の番号から選べ。

1 高域フィルタ（HPF）
2 識別回路
3 量子化回路
4 AFC 回路

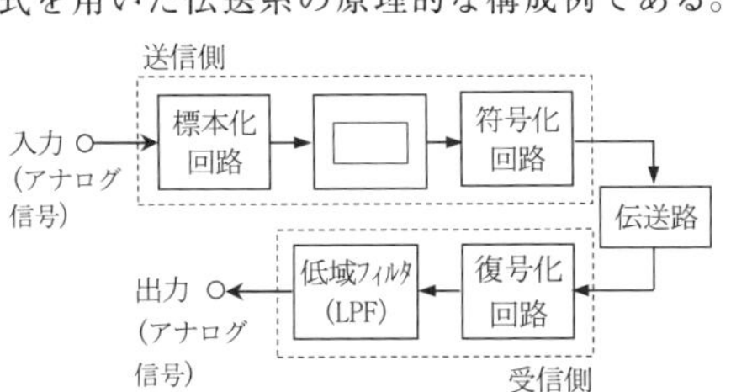

〔10〕 次の記述は、静止衛星通信について述べたものである。正しいのはどれか。

1 衛星の太陽電池の機能が停止する食は、春分及び秋分の時期に発生する。
2 現在の静止衛星通信に用いられる衛星は、ほとんどが極軌道衛星である。
3 多元接続が困難なので、柔軟な回線設定ができない。
4 使用周波数が高くなるほど、降雨による影響が少なくなる。

〔11〕 通常、レーダーで持続波を発射し、ドプラ効果を利用するのはどれか。

1 船舶用　　2 港湾用　　3 速度測定用　　4 航空路監視用

〔12〕 図は、FM（F3E）受信機の構成の一部を示したものである。空欄の部分の名称の組合せで、正しいのは次のうちどれか。

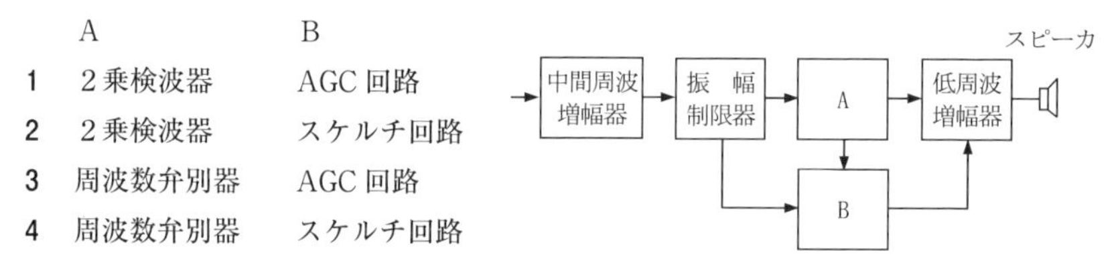

	A	B
1	2乗検波器	AGC 回路
2	2乗検波器	スケルチ回路
3	周波数弁別器	AGC 回路
4	周波数弁別器	スケルチ回路

▶ **解答・解説**

問 題	解 答	問 題	解 答	問 題	解 答	問 題	解 答
〔1〕	1	〔2〕	4	〔3〕	3	〔4〕	4
〔5〕	3	〔6〕	2	〔7〕	2	〔8〕	4
〔9〕	3	〔10〕	1	〔11〕	3	〔12〕	4

〔5〕

1 鉛蓄電池は、**二次電池**である。
2 蓄電池は、**化学**エネルギーを電気エネルギーとして取り出す。
4 リチウムイオン蓄電池は、メモリー効果が**ない**ので継ぎ足し充電が**できる**。

〔8〕

選択肢1、2、3の説明は以下のとおり。

1　選択度：多数の異なる周波数の電波の中から混信を受けないで、目的とする電波を選び出すことができる能力を表す。

2　感度：どの程度まで弱い電波を受信できるかの能力を表すもの。

3　忠実度：送信機から送られた信号を受信した場合、受信機の出力側でどれだけ正しく元の信号を再現できるかの能力を表すもの。

〔10〕

2　現在の静止衛星通信に用いられる衛星は、ほとんどが**赤道上空約36,000〔km〕の静止衛星軌道を用いる静止衛星**である。

3　多元接続が**容易**なので、柔軟な回線設定が**できる**。

4　使用周波数が高くなるほど、降雨による影響が**大きく**なる。

令和３年２月期

〔1〕 図に示す電気回路において、抵抗Ｒの値の大きさを2分の1倍（1/2倍）にすると、この抵抗の消費電力は、何倍になるか。

1 $\frac{1}{4}$倍　　2 $\frac{1}{2}$倍

3 2倍　　4 4倍

R

：直流電源　：抵抗

〔2〕 図に示す電界効果トランジスタ（FET）の図記号において、電極名の組合せとして、正しいのは次のうち どれか。

	①	②	③
1	ゲート	ソース	ドレイン
2	ゲート	ドレイン	ソース
3	ソース	ドレイン	ゲート
4	ドレイン	ゲート	ソース

②
①
③

〔3〕 次の記述の［　　］内に入れるべき字句の組合せで、正しいのはどれか。

ブラウンアンテナやホイップアンテナは、一般に［ A ］偏波で使用し、このときの［ B ］面内の指向特性は、ほぼ全方向性（無指向性）である。

	A	B		A	B
1	水平	垂直	2	水平	水平
3	垂直	垂直	4	垂直	水平

〔4〕 自由空間において、電波が10〔μs〕の間に伝搬する距離は、次のうちどれか。

1 1〔km〕　　2 3〔km〕　　3 10〔km〕　　4 300〔km〕

〔5〕 次の記述は、どの回路について述べたものか。

交流分を含んだ不完全な直流を、できるだけ完全な直流にするための回路で、この回路の動作が不完全だとリプルが多くなり、電源ハムの原因となる。

1 平滑回路　　2 整流回路　　3 検波回路　　4 変調回路

〔6〕 次の記述の［　　］内に入れるべき字句の組合せで、正しいのはどれか。

回路の［ A ］を測定するときは、測定回路に直列に計器を接続し、［ B ］を測定するときは、測定回路に並列に計器を接続する。また、特に［ C ］の場合、極性を間違わないよう注意しなければならない。

	A	B	C		A	B	C
1	電圧	電流	直流	2	電圧	電流	交流
3	電流	電圧	直流	4	電流	電圧	交流

〔7〕 次の記述は、搬送波を図に示すベースバンド信号でデジタル変調したときの変調波形について述べたものである。[　　]内に入れるべき字句を下の番号から選べ。

図に示す変調波形は、[　　]の一例である。

1　PSK
2　FSK
3　ASK
4　PAM

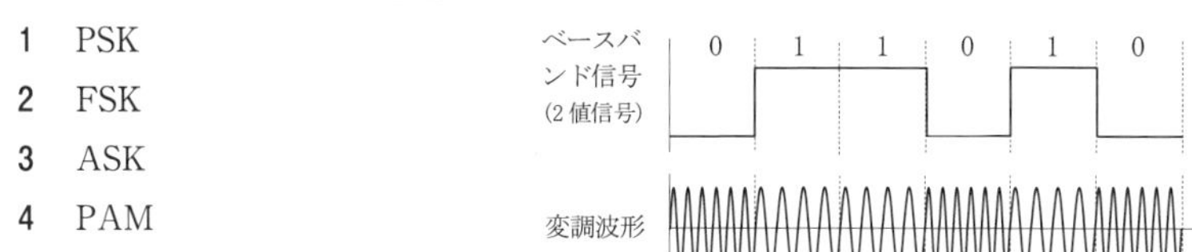

〔8〕 次の記述は、受信機の性能のうち何について述べたものか。

多数の異なる周波数の電波の中から混信を受けないで、目的とする電波を選び出すことができる能力を表す。

1　感度　　2　忠実度　　3　選択度　　4　安定度

〔9〕 次の記述は、一般的なデジタル無線通信装置で行われる誤り訂正符号化について述べたものである。[　　]内に入れるべき字句を下の番号から選べ。

デジタル信号の伝送において、符号の伝送誤りを少なくするために、受信側で符号の[　　]と誤り訂正が行えるように、送信側においてデジタル信号に適切な冗長ビットを付加すること。

1　誤り検出　　2　スクランブル　　3　拡散　　4　インターリーブ

〔10〕 静止衛星通信についての次の記述のうち、正しいのはどれか。

1　静止衛星通信では、極軌道衛星が用いられている。
2　地上での自然災害の影響を受けにくい。
3　衛星の太陽電池の機能が停止する食は、夏至及び冬至期に発生する。
4　使用周波数が高くなるほど、降雨による影響が小さくなる。

〔11〕 レーダー装置によって、地上を走行する移動体の速度を測定するには、通常、次のうちどのレーダーが用いられるか。

1 短波レーダー　　　2 3次元レーダー
3 2次元レーダー　　4 ドプラレーダー

〔12〕 FM（F3E）送受信装置の送受信操作で、誤っているのは次のうちどれか。

1 スケルチ調整つまみは、雑音を消すためのもので、いっぱいに回しておく。
2 他局が通話中のとき、プレストークボタンを押し送信割り込みをしてはならない。
3 制御器を使用する場合、切替えスイッチは、「遠操」にしておく。
4 音量調整つまみは、最も聞き易い音量に調節する。

▶ 解答・解説

問 題	解 答	問 題	解 答	問 題	解 答	問 題	解 答
〔1〕	3	〔2〕	2	〔3〕	4	〔4〕	2
〔5〕	1	〔6〕	3	〔7〕	2	〔8〕	3
〔9〕	1	〔10〕	2	〔11〕	4	〔12〕	1

〔1〕

電力の式 $P=E^2/R$ において R を2分の1倍にすると、

$$P=\frac{E^2}{R/2}=2\times\frac{E^2}{R}$$

となり、消費電力は2倍となる。

〔4〕

電波の速度は 3×10^8〔m/s〕であるので、10〔μs〕の間に進む距離は次のようになる。

$3\times10^8\times10\times10^{-6}=3{,}000$〔m〕＝3〔km〕

〔8〕

選択肢1、2、4の説明は以下のとおり。

1 感度：どの程度まで弱い電波を受信できるかの能力を表すもの。

2　忠実度：送信機から送られた信号を受信した場合、受信機の出力側でどれだけ正しく元の信号を再現できるかの能力を表すもの。

4　安定度：周波数及び強さが一定の電波を受信したとき、受信機の再調整を行わず、どれだけ長時間にわたって、一定の出力が得られるかの能力をいう。

〔10〕

1　静止衛星通信では、**赤道上空約36,000〔km〕の静止衛星軌道**が用いられている。

3　衛星の太陽電池の機能が停止する食は、**春分**及び**秋分**の時期に発生する。

4　使用周波数が高くなるほど、降雨による影響が**大きく**なる。

〔12〕

1　スケルチ調整つまみは、雑音を消すためのもので、**相手からの送話が無いとき雑音が消える限界点の位置に調整する**。

令和３年６月期

〔１〕 図に示す回路の端子 ab 間の合成静電容量は幾らになるか。

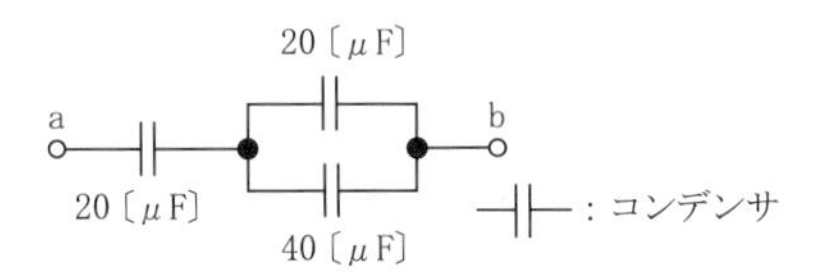

1 10〔μ F〕
2 12〔μ F〕
3 15〔μ F〕
4 40〔μ F〕

〔２〕 次の記述は、個別の部品を組み合わせた回路と比べたときの、集積回路（IC）の一般的特徴について述べたものである。誤っているのはどれか。

1 複雑な電子回路が小型化できる。
2 IC 内部の配線が短く、高周波特性の良い回路が得られる。
3 個別の部品を組み合わせた回路に比べて信頼性が高い。
4 大容量、かつ高速な信号処理回路が作れない。

〔３〕 150〔MHz〕用ブラウンアンテナの放射素子の長さは、ほぼいくらか。

1 2.5〔m〕　2 1.2〔m〕　3 0.5〔m〕　4 0.3〔m〕

〔４〕 超短波（VHF）帯を使用した通信において、通信可能な距離を延ばす方法として、誤っているのはどれか。

1 アンテナの高さを高くする。
2 アンテナの放射角度を高角度にする。
3 鋭い指向性のアンテナを用いる。
4 利得の高いアンテナを用いる。

〔５〕 次の記述は、下記のどの回路について述べたものか。

交流分を含んだ不完全な直流を、できるだけ完全な直流にするための回路で、この回路の動作が不完全だとリプルが多くなり、電源ハムの原因となる。

1 平滑回路　2 整流回路　3 変調回路　4 検波回路

〔６〕 図は、レーダーのパルス波形の概略を示したものである。パルス幅を示すものは、次のうちどれか。

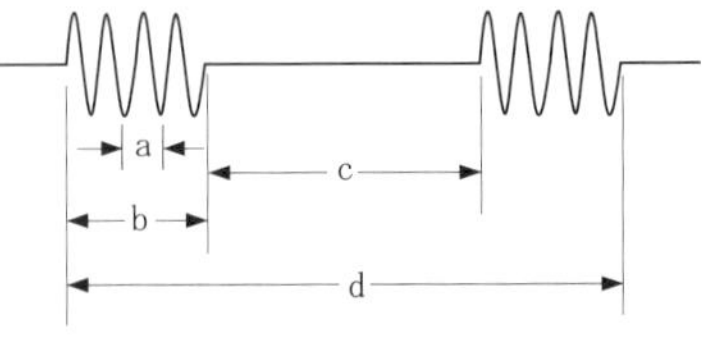

1 a
2 b
3 c
4 d

〔7〕 周波数 f_C の搬送波を周波数 f_S の信号波で振幅変調（DSB）を行ったときの占有周波数帯幅は、次のうちどれか。

1 $f_C + f_S$　　2 $f_C - f_S$　　3 $2f_S$　　4 $2f_C$

〔8〕 次の記述は、多元接続方式について述べたものである。□内に入れるべき字句を下の番号から選べ。

TDMAは、一つの周波数を共有し、個々のユーザに使用チャネルとして□を個別に割り当てる方式であり、チャネルとチャネルの間にガードタイムを設けている。

1 極めて短い時間（タイムスロット）　　2 周波数
3 拡散符号　　4 変調方式

〔9〕 図は、パルス符号変調（PCM）方式を用いた伝送系の原理的な構成例である。□内に入れるべき名称を下の番号から選べ。

1 高域フィルタ（HPF）
2 標本化回路
3 識別回路
4 AFC回路

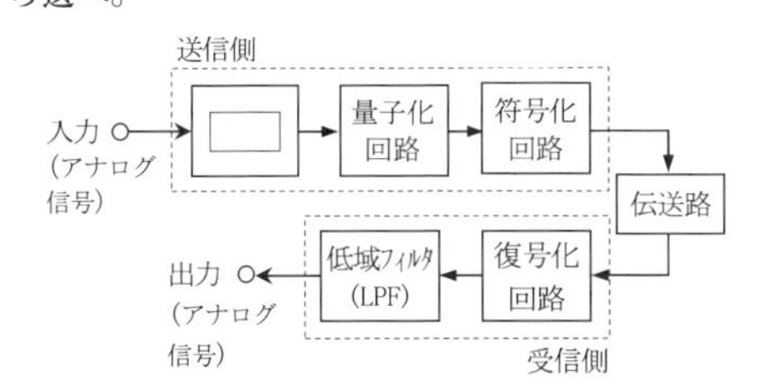

〔10〕 次の記述は、静止衛星通信について述べたものである。正しいのはどれか。

1 現在の静止衛星通信に用いられる衛星は、ほとんどが極軌道衛星である。
2 衛星の太陽電池の機能が停止する食は、夏至及び冬至の時期に発生する。
3 使用周波数が高くなるほど、降雨による影響が大きくなる。
4 多元接続が困難なので、柔軟な回線設定ができない。

〔11〕 パルスレーダーの最小探知距離に最も影響を与える要素は、次のうちどれか。

1 送信周波数　　2 パルス繰返し周波数
3 送信電力　　4 パルス幅

〔12〕 次の記述は、FM（F3E）受信機を構成しているある回路のうち何について述べたものか。

FM波は、伝搬途中で雑音、フェージング、妨害波などの影響を受け振幅が変動するため、この回路で振幅変動成分を除去し、復調時の信号対雑音比を改善する。

1　帯域フィルタ（BPF）　　2　周波数弁別器
3　スケルチ回路　　4　振幅制限器

▶ 解答・解説

問　題	解　答	問　題	解　答	問　題	解　答	問　題	解　答
〔1〕	3	〔2〕	4	〔3〕	3	〔4〕	2
〔5〕	1	〔6〕	2	〔7〕	3	〔8〕	1
〔9〕	2	〔10〕	3	〔11〕	4	〔12〕	4

〔1〕

コンデンサC_1〔μF〕、C_2〔μF〕を並列接続したコンデンサの合成静電容量C〔F〕は、次式のようになる。

$$C = C_1 + C_2 \text{〔μF〕}$$

したがって、20〔μF〕と40〔μF〕の並列接続したコンデンサの合成静電容量を求めると

$$C = 20 + 40 = 60 \text{〔μF〕} \quad \cdots①$$

一方、コンデンサC_1〔μF〕、C_2〔μF〕を直列接続したコンデンサの合成静電容量C〔F〕は、次式のようになる。

$$C = \frac{1}{\frac{1}{C_1} + \frac{1}{C_2}} = \frac{C_1 \times C_2}{C_1 + C_2} \quad \cdots②$$

したがって、①の結果から右側の並列接続のコンデンサの合成容量が60〔μF〕であることを踏まえ、20〔μF〕と60〔μF〕の直列接続したコンデンサの合成静電容量を②式で求める。

$$C = \frac{1}{\frac{1}{20} + \frac{1}{60}} = \frac{20 \times 60}{20 + 60} = 15 \text{〔μF〕}$$

〔2〕

4　大容量、かつ高速な信号処理回路が作れる。

〔3〕

150〔MHz〕の波長$\lambda = \dfrac{C}{f} = \dfrac{3\times10^{8}}{150\times10^{6}} = 2$〔m〕であり、ブラウンアンテナの放射素子の長さは$\dfrac{\lambda}{4} = \dfrac{2}{4} = 0.5$〔m〕となる。

〔4〕

超短波帯では電波の直進性を利用するので、アンテナのビームを水平にすると通信可能な距離は延びる。高角度にすると通信可能な距離が延びないだけでなく、受信点に到達する電波の強度が弱くなってしまう。

〔7〕

搬送波の周波数をf_C、信号波の周波数をf_Sとすれば、AM変調（A3E）したときの周波数成分は図のようになる。したがって、占有周波数帯幅は$(f_C+f_S)-(f_C-f_S)=2f_S$となる。

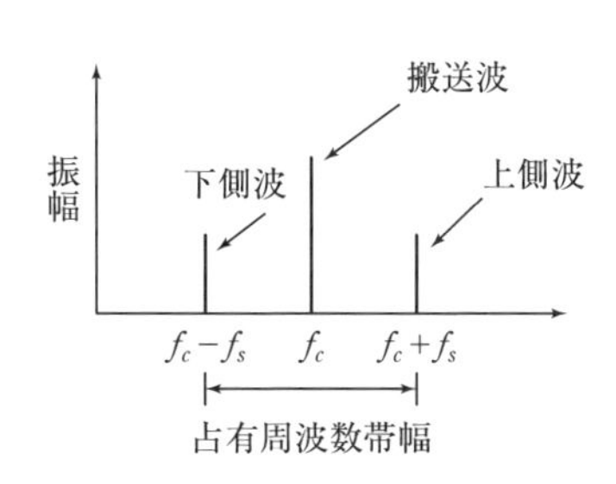

〔10〕

1　現在の静止衛星通信に用いられる衛星は、ほとんどが**赤道上空約36,000〔km〕の静止衛星軌道を用いる静止衛星**である。

2　衛星の太陽電池の機能が停止する食は、**春分**及び**秋分**の時期に発生する。

4　多元接続が**容易**なので、柔軟な回線設定が**できる**。

〔11〕

最小探知距離はパルス幅をτ〔μs〕とすれば150τ〔m〕であり、パルス幅τを狭くするほど最小探知距離は短くなり、近距離の目標を探知できる。

（また、アンテナを低くしたり、垂直面内のビーム幅を広げることにより、最小探知距離は短くなる。）

令和3年10月期

〔1〕 図に示す回路の端子ab間の合成抵抗の値として、正しいのは次のうちどれか。

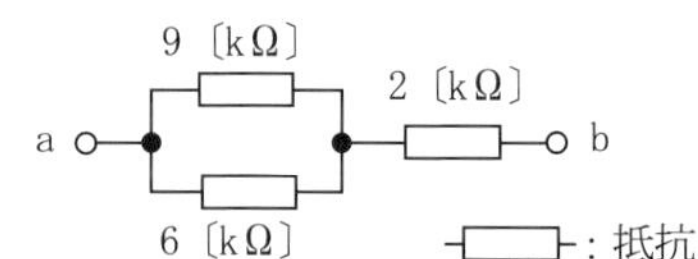

1 1.3〔kΩ〕
2 5.6〔kΩ〕
3 8.5〔kΩ〕
4 17〔kΩ〕

〔2〕 図のようなトランジスタに流れる電流の性質で、誤っているのはどれか。

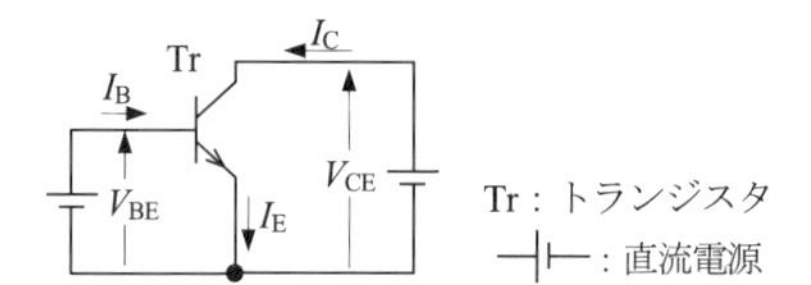

1 I_C は I_B によって大きく変化する。
2 I_B は V_{BE} によって大きく変化する。
3 I_E は I_C と I_B の和である。
4 I_C は I_B よりも小さい。

〔3〕 図の破線は、水平設置の八木・宇田アンテナ（八木アンテナ）の水平面内指向特性を示したものである。正しいのはどれか。ただし、D は導波器、P は放射器、R は反射器とする。

1
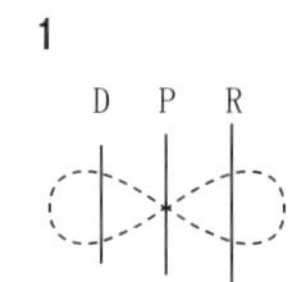

2
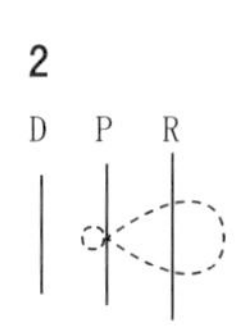

3
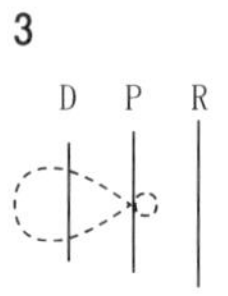

4

〔4〕 超短波（VHF）帯を使った見通し外の遠距離の通信において、伝搬路上に山岳が有り、送受信点のそれぞれからその山頂が見通せるとき、比較的安定した通信ができることがあるのは、一般にどの現象によるものか。

1 電波が回折する。　　2 電波が屈折する。
3 電波が直進する。　　4 電波が干渉する。

〔5〕 次の記述の□内に入れるべき字句の組合せで、正しいのはどれか。

一般に、充放電が可能な［A］電池の一つに［B］があり、ニッケルカドミウム蓄電池に比べて、自己放電が少なく、メモリー効果がない等の特徴がある。

	A	B		A	B
1	一次	リチウムイオン蓄電池	2	一次	マンガン乾電池
3	二次	リチウムイオン蓄電池	4	二次	マンガン乾電池

〔6〕 次の記述の[　　]内に入れるべき字句の組合せで、正しいのはどれか。

回路の[A]を測定するときは、測定回路に直列に計器を接続し、[B]を測定するときは、測定回路に並列に計器を接続する。また、特に[C]の場合、極性を間違わないよう注意しなければならない。

	A	B	C		A	B	C
1	電流	電圧	交流	2	電圧	電流	交流
3	電流	電圧	直流	4	電圧	電流	直流

〔7〕 次の記述は、搬送波を図に示すベースバンド信号でデジタル変調したときの変調波形について述べたものである。[　　]内に入れるべき字句を下の番号から選べ。

図に示す変調波形は、[　　]の一例である。

1 FSK
2 PWM
3 PSK
4 PAM

〔8〕 AM（A3E）通信方式と比べたときのFM（F3E）通信方式の一般的な特徴で、誤っているのはどれか。

1 占有周波数帯幅が狭い。
2 振幅性の雑音に強い。
3 受信機出力の信号対雑音比が良い。
4 装置の回路構成が多少複雑である。

〔9〕 次の記述は、デジタル無線通信で発生するバースト誤りの対策の一例について述べたものである。

[　　]内に入れるべき字句の正しい組合せを下の番号から選べ。

バースト誤り対策として、送信する符号の順序を入れ替える[A]を行い、受信側で受信符号を並び替えて[B]ことにより誤りの影響を軽減する方法がある。

	A	B
1	インターリーブ	逆拡散する
2	インターリーブ	元の順序に戻す
3	A/D変換	元の順序に戻す
4	A/D変換	逆拡散する

〔10〕 次の記述は、静止衛星通信について述べたものである。誤っているのはどれか。

1 使用周波数が高くなるほど、降雨による影響が大きくなる。
2 地上での自然災害の影響を受けにくい。
3 衛星を見通せる2点間の通信は、常時行うことができる。
4 衛星の太陽電池の機能が停止する食は、夏至及び冬至の時期に発生する。

〔11〕 パルスレーダーの最大探知距離を大きくするための条件として、誤っているのは次のうちどれか。

1 受信機の感度を良くする。
2 送信電力を大きくする。
3 パルス幅を狭くし、パルス繰返し周波数を高くする。
4 アンテナの高さを高くする。

〔12〕 単信方式のFM（F3E）送受信装置において、プレストークボタンを押すとどのような状態になるか。

1 アンテナが送信機に接続され、受信状態となる。
2 アンテナが送信機に接続され、送信状態となる。
3 アンテナが受信機に接続され、受信状態となる。
4 アンテナが受信機に接続され、送信状態となる。

▶ **解答・解説**

問題	解答	問題	解答	問題	解答	問題	解答
〔1〕	2	〔2〕	4	〔3〕	3	〔4〕	1
〔5〕	3	〔6〕	3	〔7〕	3	〔8〕	1
〔9〕	2	〔10〕	4	〔11〕	3	〔12〕	2

〔1〕

並列接続した抵抗の合成抵抗値R〔Ω〕は、各抵抗の抵抗値をR_1、R_2、…R_nとすれば、次式のようになる。

$$R=\frac{1}{\frac{1}{R_1}+\frac{1}{R_2}+\cdots+\frac{1}{R_n}}$$

したがって、問題の二つの抵抗9〔kΩ〕と6〔kΩ〕の場合は次のようになる。

$$R=\frac{1}{\frac{1}{9}+\frac{1}{6}}=\frac{9\times 6}{9+6}=3.6〔\mathrm{k}\Omega〕$$

この合成抵抗Rと2〔kΩ〕との直列接続の抵抗値R_0を求めると、これらの和となるので、

$$R_0=3.6+2=5.6〔\mathrm{k}\Omega〕$$

〔2〕

4　I_CはI_Bよりも**大きい**。

〔4〕

電波は山や建物などの障害物の裏側へ回り込む性質がある。これを回折現象といい、周波数が低いほど大きく回り込む。

〔8〕

1　占有周波数帯幅が**広い**。

〔10〕

4　衛星の太陽電池の機能が停止する食は、**春分**及び**秋分**の時期に発生する。

〔11〕

3　パルス幅を**広く**し、パルス繰返し周波数を**低く**する。

令和４年２月期

〔１〕 図に示す電気回路において、抵抗 R の大きさを２分の１倍（1/2倍）にすると、回路に流れる電流 I は、元の値の何倍になるか。

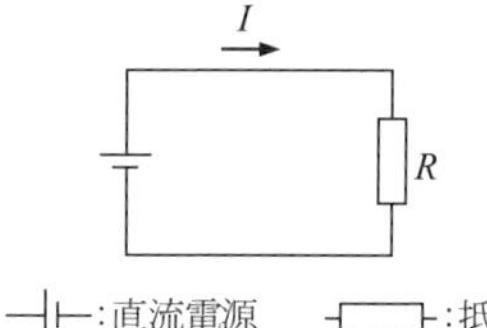

1 $\frac{1}{2}$倍　　2 $\frac{1}{4}$倍

3 ２倍　　4 ４倍

〔２〕 図に示す NPN 形トランジスタの図記号において、次に挙げた電極名の組合せのうち、正しいのはどれか。

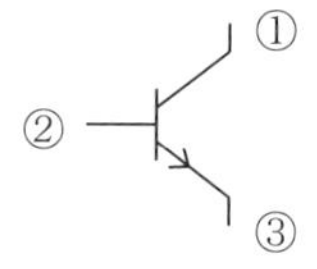

	①	②	③
1	ベース	エミッタ	コレクタ
2	エミッタ	コレクタ	ベース
3	ベース	コレクタ	エミッタ
4	コレクタ	ベース	エミッタ

〔３〕 次の記述は、$\frac{1}{4}$波長垂直接地アンテナについて述べたものである。誤っているのはどれか。

1 固有周波数の奇数倍の周波数にも同調する。
2 電流分布は先端で最大、底部で零となる。
3 指向特性は、水平面内では全方向性（無指向性）である。
4 接地抵抗が小さいほど効率がよい。

〔４〕 次の記述は、超短波（VHF）帯の電波の伝わり方について述べたものである。誤っているのはどれか。

1 通常、電離層を突き抜けてしまう。
2 伝搬途中の地形や建物の影響を受けない。
3 見通し距離内の通信に適する。
4 光に似た性質で、直進する。

〔5〕 端子電圧6〔V〕、容量（10時間率）30〔Ah〕の充電済みの鉛蓄電池に、3〔A〕で動作する装置を接続すると、通常何時間まで連続動作をさせることができるか。

1　10時間　　2　5時間　　3　2時間　　4　1時間

〔6〕 高周波電流を測定するのに最も適している指示計器は、次のうちどれか。

1　可動鉄片形電流計　　2　電流力計形電流計

3　熱電対形電流計　　4　整流形電流計

〔7〕 周波数 f_C の搬送波を周波数 f_S の信号波で振幅変調（DSB）を行ったときの占有周波数帯幅は、次のうちどれか。

1　$2f_S$　　2　$2f_C$　　3　$f_C + f_S$　　4　$f_C - f_S$

〔8〕 次の記述は、アナログ通信方式と比べたときのデジタル通信方式の一般的な特徴について述べたものである。誤っているものを下の番号から選べ。

1　雑音の影響を受けにくい。

2　ネットワークやコンピュータとの親和性がよい。

3　受信側で誤り訂正を行うことができる。

4　信号処理による遅延がない。

〔9〕 図は、パルス符号変調（PCM）方式を用いた伝送系の原理的な構成例である。□内に入れるべき名称を下の番号から選べ。

1　高域フィルタ（HPF）

2　識別回路

3　標本化回路

4　AFC 回路

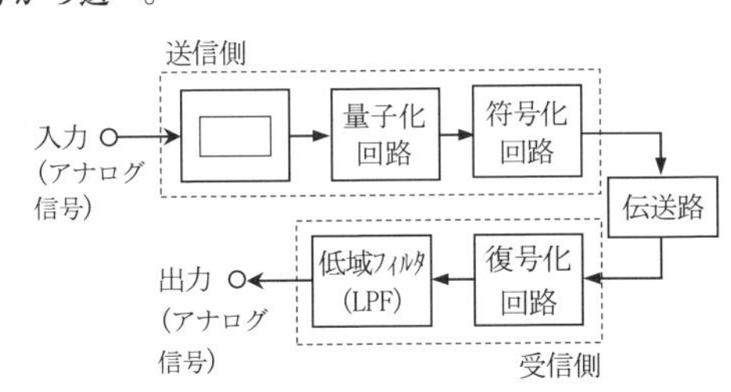

〔10〕 次の記述は、静止衛星通信について述べたものである。正しいのはどれか。

1　衛星の太陽電池の機能が停止する食は、夏至及び冬至の時期に発生する。

2　使用周波数が低くなるほど、降雨による影響が大きくなる。

3　静止衛星通信では、極軌道衛星が用いられている。

4　地上での自然災害の影響を受けにくい。

〔11〕 パルスレーダーの最小探知距離に最も影響を与える要素は、次のうちどれか。

1 パルス幅
2 送信周波数
3 パルス繰返し周波数
4 送信電力

〔12〕 FM（F3E）送信機において、大きな音声信号が加わっても一定の周波数偏移内に収めるためには、次のうちどれを用いればよいか。

1 AGC 回路　　2 IDC 回路
3 音声増幅器　　4 緩衝増幅器

▶ 解答・解説

問題	解答	問題	解答	問題	解答	問題	解答
〔1〕	3	〔2〕	4	〔3〕	2	〔4〕	2
〔5〕	1	〔6〕	3	〔7〕	1	〔8〕	4
〔9〕	3	〔10〕	4	〔11〕	1	〔12〕	2

〔1〕

電力の式 $P=E^2/R$ において R を2分の1倍にすると次のようになり、消費電力は2倍となる。

$$P=\frac{E^2}{R/2}=2\times\frac{E^2}{R}$$

〔3〕

2 電流分布は先端で**零**、底部で**最大**となる。

〔4〕

2 伝搬途中の地形や建物の影響を**受けやすい**。

〔5〕

電池の容量は〔Ah〕（アンペア・アワー）で表され、取り出すことのできる電流 I〔A〕

とその継続時間 h〔時間〕の積で表される。電池の容量を W とすれば、$W = I \times h$ となる。

したがって、

$$h = \frac{W}{I}〔時間〕$$

これに題意の数値を代入すると次のようになる。

$$h = \frac{30}{3} = 10〔時間〕$$

〔7〕

搬送波の周波数を f_C、信号波の周波数を f_S とすれば、AM変調（A3E）したときの周波数成分は図のようになる。したがって、占有周波数帯幅は $(f_C + f_S) - (f_C - f_S) = 2f_S$ となる。

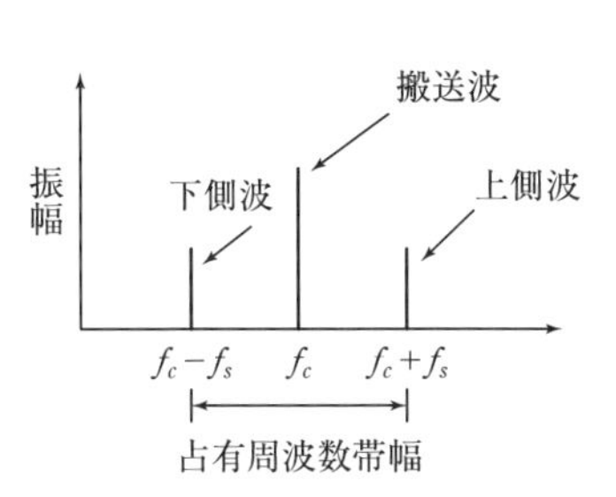

〔8〕

4　信号処理による遅延が**ある**。

〔10〕

1　衛星の太陽電池の機能が停止する食は、**春分**及び**秋分**の時期に発生する。

2　使用周波数が**高く**なるほど、降雨による影響が大きくなる。

3　静止衛星通信では、**赤道上空約36,000〔km〕の静止衛星軌道**が用いられている。

〔11〕

最小探知距離はパルス幅を τ〔μs〕とすれば 150τ〔m〕であり、パルス幅 τ を狭くするほど最小探知距離は短くなり、近距離の目標を探知できる。

（また、アンテナを低くしたり、垂直面内のビーム幅を広げることにより、最小探知距離は短くなる。）

〔12〕

IDC（Instantaneous Deviation Control：瞬時偏移制御）回路は、過大な変調入力があっても、周波数偏移が一定値以上に広がらないように制御し、占有周波数帯幅を許容値内に維持し、隣接チャネルへの干渉を防ぐものである。

第三級陸上特殊無線技士　法規

ご注意

各設問に対する答は、出題時点での法令等に準拠して解答しております。

試験概要

試験問題：問題数／12問
合格基準：満　点／60点　合格点／40点
配点内訳：1　問／5点

平成30年2月期

〔1〕 無線局の免許状に記載される事項に該当しないものはどれか。次のうちから選べ。

1 通信の相手方及び通信事項　　2 空中線の型式及び構成
3 無線設備の設置場所　　4 無線局の目的

〔2〕 陸上移動業務の無線局（免許の有効期間が1年以内であるものを除く。）の再免許の申請は、どの期間内に行わなければならないか。次のうちから選べ。

1 免許の有効期間満了前3箇月以上6箇月を超えない期間
2 免許の有効期間満了前2箇月以上3箇月を超えない期間
3 免許の有効期間満了前2箇月まで
4 免許の有効期間満了前1箇月まで

〔3〕 電波の主搬送波の変調の型式が角度変調で周波数変調のもの、主搬送波を変調する信号の性質がアナログ信号である単一チャネルのものであって、伝送情報の型式が電話（音響の放送を含む。）の電波の型式を表示する記号はどれか。次のうちから選べ。

1 F3E　　2 F7E　　3 F8E　　4 A3E

〔4〕 無線従事者は、免許証を失ったためにその再交付を受けた後、失った免許証を発見したときは、発見した日から何日以内にその免許証を総務大臣に返納しなければならないか。次のうちから選べ。

1 7日　　2 10日　　3 14日　　4 30日

〔5〕 第三級陸上特殊無線技士の資格を有する者が、陸上の無線局の空中線電力50ワット以下の無線設備（レーダー及び人工衛星局の中継により無線通信を行う無線局の多重無線設備を除く。）の外部の転換装置で電波の質に影響を及ぼさないものの技術操作を行うことができる周波数の電波はどれか。次のうちから選べ。

1 1,606.5kHz から 4,000kHz まで　　2 4,000kHz から 25,010kHz まで
3 25,010kHz から 960MHz まで　　4 960MHz から 1,215MHz まで

〔6〕 無線従事者の免許が与えられないことがある者は、無線従事者の免許を取り消され、取消しの日からどれほどの期間を経過しないものか。次のうちから選べ。

1 6箇月　　2 1年　　3 1年6箇月　　4 2年

〔7〕 一般通信方法における無線通信の原則として無線局運用規則に規定されているものはどれか。次のうちから選べ。

1 無線通信を行う場合においては、略符号以外の用語を使用してはならない。
2 無線通信に使用する用語は、できる限り簡潔でなければならない。
3 無線通信は、長時間継続して行ってはならない。
4 無線通信は、正確に行うものとし、通信上の誤りを知ったときは、通報の送信終了後一括して訂正しなければならない。

〔8〕 無線局の免許人が電波法又は電波法に基づく命令に違反したときに総務大臣が行うことができる処分はどれか。次のうちから選べ。

1 期間を定めて行う電波の型式の制限
2 3箇月以内の期間を定めて行う無線局の運用の停止
3 期間を定めて行う通信の相手方又は通信事項の制限
4 再免許の拒否

〔9〕 総務大臣は、無線局の発射する電波の質が総務省令で定めるものに適合していないと認めるときは、その無線局に対してどのような処分を行うことができるか。次のうちから選べ。

1 臨時に電波の発射の停止を命ずる。　2 無線局の免許を取り消す。
3 空中線の撤去を命ずる。　4 周波数又は空中線電力の指定を変更する。

〔10〕 無線局の免許人は、非常通信を行ったときは、どうしなければならないか。次のうちから選べ。

1 地方防災会議会長に報告する。
2 非常災害対策本部長に届け出る。
3 総務省令で定める手続により、総務大臣に報告する。
4 その通信の記録を作成し、1年間これを保存する。

〔11〕 無線局の免許がその効力を失ったときは、免許人であった者は、その免許状をどうしなければならないか。次のうちから選べ。

1 直ちに廃棄する。　2 3箇月以内に総務大臣に返納する。
3 2年間保管する。　4 1箇月以内に総務大臣に返納する。

〔12〕 固定局の免許状は、掲示を困難とするものを除き、どの箇所に掲げておかなければならないか。次のうちから選べ。

1　無線局のある事務所の見やすい箇所
2　主たる送信装置のある場所の見やすい箇所
3　受信装置のある場所の見やすい箇所
4　通信室内の見やすい箇所

▶ 解答・根拠

問題	解答	根　　拠
〔1〕	2	免許状（記載事項）（法14条）
〔2〕	1	再免許申請の期間（免許18条）
〔3〕	1	電波の型式の表示（施行4条の2）
〔4〕	2	免許証の返納（従事者51条）
〔5〕	3	操作及び監督の範囲（施行令3条）
〔6〕	4	無線従事者の免許を与えない場合（法42条）
〔7〕	2	無線通信の原則（運用10条）
〔8〕	2	無線局の運用の停止等（法76条）
〔9〕	1	電波の発射の停止（法72条）
〔10〕	3	報告等（法80条）
〔11〕	4	免許状の返納（法24条）
〔12〕	2	免許状を掲げる場所（施行38条）

平成30年6月期

〔1〕 無線局の無線設備の変更の工事の許可を受けた免許人は、総務省令で定める場合を除き、どのような手続をとった後でなければ、許可に係る無線設備を運用してはならないか。次のうちから選べ。

1 当該工事の結果が許可の内容に適合している旨を総務大臣に届け出た後
2 総務大臣に運用開始の期日を届け出た後
3 工事が完了した後、その運用について総務大臣の許可を受けた後
4 総務大臣の検査を受け、当該工事の結果が許可の内容に適合していると認められた後

〔2〕 固定局（免許の有効期間が1年以内であるものを除く。）の再免許の申請は、どの期間内に行わなければならないか。次のうちから選べ。

1 免許の有効期間満了前1箇月まで
2 免許の有効期間満了前2箇月まで
3 免許の有効期間満了前2箇月以上3箇月を超えない期間
4 免許の有効期間満了前3箇月以上6箇月を超えない期間

〔3〕 次の記述は、電波の質について述べたものである。電波法の規定に照らし、□内に入れるべき字句を下の番号から選べ。

送信設備に使用する電波の□及び幅、高調波の強度等電波の質は、総務省令で定めるところに適合するものでなければならない。

1 周波数の偏差　　2 総合周波数特性　　3 型式　　4 変調度

〔4〕 無線従事者は、免許証を失ったためにその再交付を受けた後、失った免許証を発見したときは、発見した日から何日以内にその免許証を総務大臣に返納しなければならないか。次のうちから選べ。

1 10日　　2 7日　　3 30日　　4 14日

〔5〕 総務大臣が無線従事者の免許を与えないことができる者はどれか。次のうちから選べ。

1 刑法に規定する罪を犯し罰金以上の刑に処せられ、その執行を終わり、又はその執行を受けることがなくなった日から2年を経過しない者
2 無線従事者の免許を取り消され、取消しの日から2年を経過しない者
3 無線従事者の免許を取り消され、取消しの日から5年を経過しない者
4 日本の国籍を有しない者

〔6〕 第三級陸上特殊無線技士の資格を有する者が、陸上の無線局の空中線電力50ワット以下の無線設備（レーダー及び人工衛星局の中継により無線通信を行う無線局の多重無線設備を除く。）の外部の転換装置で電波の質に影響を及ぼさないものの技術操作を行うことができる周波数の電波はどれか。次のうちから選べ。

1　1,606.5kHz から 4,000kHz まで　　2　4,000kHz から 25,010kHz まで

3　25,010kHz から 960MHz まで　　4　960MHz から 1,215MHz まで

〔7〕 次の記述は、秘密の保護について述べたものである。電波法の規定に照らし、＿＿＿内に入れるべき字句を下の番号から選べ。

何人も法律に別段の定めがある場合を除くほか、＿＿＿を傍受してその存在若しくは内容を漏らし、又はこれを窃用してはならない。

1　特定の相手方に対して行われる無線通信

2　特定の相手方に対して行われる暗語による無線通信

3　総務省令で定める周波数を使用して行われる無線通信

4　総務省令で定める周波数を使用して行われる暗語による無線通信

〔8〕 総務大臣が無線局に対して臨時に電波の発射の停止を命ずることができるのはどの場合か。次のうちから選べ。

1　無線局が必要のない無線通信を行っていると認めるとき。

2　無線局の発射する電波が他の無線局の通信に混信を与えていると認めるとき。

3　無線局の発射する電波の質が総務省令で定めるものに適合していないと認めるとき。

4　免許状に記載された空中線電力の範囲を超えて無線局を運用していると認めるとき。

〔9〕 無線局の免許人が電波法又は電波法に基づく命令に違反したときに総務大臣が行うことができる処分はどれか。次のうちから選べ。

1　無線局の運用の停止　　2　通信の相手方又は通信事項の制限

3　電波の型式の制限　　4　再免許の拒否

〔10〕 無線局の免許人は、電波法又は電波法に基づく命令の規定に違反して運用した無線局を認めたときはどうしなければならないか。次のうちから選べ。

1　その無線局の免許人にその旨を通知する。

2　その無線局の免許人を告発する。

3　その無線局の電波の発射を停止させる。

4　総務省令で定める手続により、総務大臣に報告する。

〔11〕 無線局の免許人は、免許状に記載した事項に変更を生じたときは、どうしなければならないか。次のうちから選べ。

1 免許状を総務大臣に提出し、訂正を受ける。
2 遅滞なく、免許状を総務大臣に返納し、免許状の再交付を受ける。
3 速やかに免許状を訂正し、その旨を総務大臣に報告する。
4 速やかに免許状を訂正し、その後行われる無線局の検査の際に検査職員の確認を受ける。

〔12〕 無線局の免許人は、無線従事者を選任し、又は解任したときは、どうしなければならないか。次のうちから選べ。

1 速やかに総務大臣の承認を受ける。
2 2週間以内にその旨を総務大臣に届け出る。
3 1箇月以内にその旨を総務大臣に報告する。
4 遅滞なく、その旨を総務大臣に届け出る。

▶ **解答・根拠**

問題	解答	根　　拠
〔1〕	4	変更検査（法18条）
〔2〕	4	再免許申請の期間（免許18条）
〔3〕	1	電波の質（法28条）
〔4〕	1	免許証の返納（従事者51条）
〔5〕	2	無線従事者の免許を与えない場合（法42条）
〔6〕	3	操作及び監督の範囲（施行令3条）
〔7〕	1	秘密の保護（法59条）
〔8〕	3	電波の発射の停止（法72条）
〔9〕	1	無線局の運用の停止等（法76条）
〔10〕	4	報告等（法80条）
〔11〕	1	免許状の訂正（法21条）
〔12〕	4	無線従事者の選解任届（法51条）

平成30年10月期

〔1〕 無線局の免許状に記載される事項はどれか。次のうちから選べ。

1 無線設備の設置場所　　2 無線従事者の氏名

3 免許人の国籍　　4 工事落成の期限

〔2〕 無線局の無線設備の変更の工事の許可を受けた免許人は、総務省令で定める場合を除き、どのような手続をとった後でなければ、許可に係る無線設備を運用してはならないか。次のうちから選べ。

1 当該工事の結果が許可の内容に適合している旨を総務大臣に届け出た後

2 総務大臣の検査を受け、当該工事の結果が許可の内容に適合していると認められた後

3 運用開始の期日を総務大臣に届け出た後

4 工事が完了した後、その運用について総務大臣の許可を受けた後

〔3〕 電波法に規定する電波の質に該当するものはどれか。次のうちから選べ。

1 周波数の偏差及び幅　　2 空中線電力の偏差等

3 周波数の安定度　　4 変調度

〔4〕「無線従事者」の定義として、正しいものはどれか。次のうちから選べ。

1 無線局に配置された者をいう。

2 無線従事者国家試験に合格した者をいう。

3 無線設備の操作を行う者であって、無線局に配置された者をいう。

4 無線設備の操作又はその監督を行う者であって、総務大臣の免許を受けたものをいう。

〔5〕 第三級陸上特殊無線技士の資格を有する者が、陸上の無線局の25,010kHzから960MHzまでの周波数の電波を使用する無線設備（レーダー及び人工衛星局の中継により無線通信を行う無線局の多重無線設備を除く。）の外部の転換装置で電波の質に影響を及ぼさないものの技術操作を行うことができるのは、空中線電力何ワット以下のものか。次のうちから選べ。

1 500ワット　　2 100ワット　　3 50ワット　　4 25ワット

〔6〕 無線従事者は、免許の取消しの処分を受けたときは、その処分を受けた日から何日以内にその免許証を総務大臣に返納しなければならないか。次のうちから選べ。

1 30日　2 14日　3 10日　4 7日

〔7〕 一般通信方法における無線通信の原則として無線局運用規則に定める事項に該当するものはどれか。次のうちから選べ。

1 無線通信を行う場合においては、略符号以外の用語を使用してはならない。
2 無線通信は、長時間継続して行ってはならない。
3 無線通信に使用する用語は、できる限り簡潔でなければならない。
4 無線通信は、正確に行うものとし、通信上の誤りを知ったときは、通報の送信終了後一括して訂正しなければならない。

〔8〕 無線局の臨時検査（電波法第73条第5項の検査）が行われることがあるのはどの場合か。次のうちから選べ。

1 総務大臣に無線従事者選解任届を提出したとき。
2 総務大臣の許可を受けて、無線設備の変更の工事を行ったとき。
3 無線局の再免許の申請をし、総務大臣から免許が与えられたとき。
4 総務大臣から臨時に電波の発射の停止を命じられたとき。

〔9〕 無線局の免許人が電波法又は電波法に基づく命令に違反したときに総務大臣が行うことができる処分はどれか。次のうちから選べ。

1 無線局の運用の停止　2 通信の相手方又は通信事項の制限
3 電波の型式の制限　4 再免許の拒否

〔10〕 無線局の免許人は、電波法の規定に違反して運用した無線局を認めたときは、どうしなければならないか。次のうちから選べ。

1 その無線局の電波の発射を停止させる。
2 その無線局の免許人にその旨を通知する。
3 その無線局の免許人を告発する。
4 総務省令で定める手続により、総務大臣に報告する。

〔11〕 無線局の免許がその効力を失ったときは、免許人であった者は、その免許状をどうしなければならないか。次のうちから選べ。

1 直ちに廃棄する。　2 2年間保管する。
3 3箇月以内に総務大臣に返納する。　4 1箇月以内に総務大臣に返納する。

〔12〕 無線局の免許人は、無線従事者を選任し、又は解任したときは、どうしなければならないか。次のうちから選べ。

1　遅滞なく、その旨を総務大臣に届け出る。

2　2週間以内にその旨を総務大臣に届け出る。

3　1箇月以内にその旨を総務大臣に報告する。

4　速やかに総務大臣の承認を受ける。

▶ 解答・根拠

問題	解答	根　　拠
〔1〕	1	免許状（記載事項）（法14条）
〔2〕	2	変更検査（法18条）
〔3〕	1	電波の質（法28条）
〔4〕	4	無線従事者の定義（法2条）
〔5〕	3	操作及び監督の範囲（施行令3条）
〔6〕	3	免許証の返納（従事者51条）
〔7〕	3	無線通信の原則（運用10条）
〔8〕	4	検査（法73条）
〔9〕	1	無線局の運用の停止等（法76条）
〔10〕	4	報告等（法80条）
〔11〕	4	免許状の返納（法24条）
〔12〕	1	無線従事者の選解任届（法51条）

平成31年2月期

〔1〕 無線局の免許人は、識別信号（呼出符号、呼出名称等をいう。）の指定の変更を受けようとするときは、どうしなければならないか。次のうちから選べ。

1 総務大臣に識別信号の指定の変更を届け出る。

2 あらかじめ総務大臣の指示を受ける。

3 総務大臣に免許状を提出し、訂正を受ける。

4 総務大臣に識別信号の指定の変更を申請する。

〔2〕「無線局」の定義として、正しいものはどれか。次のうちから選べ。

1 免許人及び無線設備を管理する者の総体をいう。

2 無線設備及び無線設備の操作の監督を行う者の総体をいう。

3 無線設備及び無線従事者の総体をいう。ただし、発射する電波が著しく微弱で総務省令で定めるものを含まない。

4 無線設備及び無線設備の操作を行う者の総体をいう。ただし、受信のみを目的とするものを含まない。

〔3〕 電波の主搬送波の変調の型式が角度変調で周波数変調のもの、主搬送波を変調する信号の性質がアナログ信号である単一チャネルのものであって、伝送情報の型式が電話（音響の放送を含む。）の電波の型式を表示する記号はどれか。次のうちから選べ。

1 F3E　　2 A3E　　3 F7E　　4 F8E

〔4〕 無線従事者は、免許証を失ったためにその再交付を受けた後、失った免許証を発見したときは、発見した日から何日以内にその免許証を総務大臣に返納しなければならないか。次のうちから選べ。

1 10日　　2 7日　　3 30日　　4 14日

〔5〕 第三級陸上特殊無線技士の資格を有する者が、陸上の無線局の空中線電力100ワット以下の無線設備（レーダー及び人工衛星局の中継により無線通信を行う無線局の多重無線設備を除く。）の外部の転換装置で電波の質に影響を及ぼさないものの技術操作を行うことができる周波数の電波はどれか。次のうちから選べ。

1 21MHz 以上　　2 1,215MHz 以上

3 4,000kHz から 25,010kHz まで　　4 25,010kHz から 960MHz まで

〔6〕 総務大臣が無線従事者の免許を与えないことができる者はどれか。次のうちから選べ。

1 刑法に規定する罪を犯し罰金以上の刑に処せられ、その執行を終わり、又はその執行を受けることがなくなった日から2年を経過しない者

2 無線従事者の免許を取り消され、取消しの日から5年を経過しない者

3 無線従事者の免許を取り消され、取消しの日から2年を経過しない者

4 日本の国籍を有しない者

〔7〕 一般通信方法における無線通信の原則として無線局運用規則に定める事項に該当しないものはどれか。次のうちから選べ。

1 無線通信に使用する用語は、できる限り簡潔でなければならない。

2 必要のない無線通信は、これを行ってはならない。

3 無線通信は、正確に行うものとし、通信上の誤りを知ったときは、通報の送信終了後一括して訂正しなければならない。

4 無線通信を行うときは、自局の識別信号を付して、その出所を明らかにしなければならない。

〔8〕 総務大臣が無線局に対して臨時に電波の発射の停止を命ずることができるのはどの場合か。次のうちから選べ。

1 無線局が必要のない無線通信を行っていると認めるとき。

2 無線局の発射する電波が他の無線局の通信に混信を与えていると認めるとき。

3 免許状に記載された空中線電力の範囲を超えて無線局を運用していると認めるとき。

4 無線局の発射する電波の質が総務省令で定めるものに適合していないと認めるとき。

〔9〕 総務大臣から無線従事者がその免許を取り消されることがあるのはどの場合か。次のうちから選べ。

1 電波法又は電波法に基づく命令に違反したとき。 2 免許証を失ったとき。

3 日本の国籍を有しない者となったとき。

4 引き続き5年以上無線設備の操作を行わなかったとき。

〔10〕 無線局の免許人は、電波法又は電波法に基づく命令の規定に違反して運用した無線局を認めたときは、どうしなければならないか。次のうちから選べ。

1 総務省令で定める手続により、総務大臣に報告する。

2 その無線局の免許人等にその旨を通知する。

3 その無線局の免許人等を告発する。

4 その無線局の電波の発射を停止させる。

〔11〕 無線局の免許状を1箇月以内に総務大臣に返納しなければならないのはどの場合か。次のうちから選べ。

1 無線局の運用の停止を命じられたとき。
2 無線局の免許がその効力を失ったとき。
3 免許状を破損し、又は汚したとき。
4 無線局の運用を休止したとき。

〔12〕 無線局の免許人は、無線従事者を選任し、又は解任したときは、どうしなければならないか。次のうちから選べ。

1 速やかに総務大臣の承認を受ける。
2 2週間以内にその旨を総務大臣に届け出る。
3 1箇月以内にその旨を総務大臣に報告する。
4 遅滞なく、その旨を総務大臣に届け出る。

▶ 解答・根拠

問題	解答	根　　拠
〔1〕	4	申請による周波数等の変更（法19条）
〔2〕	4	無線局の定義（法2条）
〔3〕	1	電波の型式の表示（施行4条の2）
〔4〕	1	免許証の返納（従事者51条）
〔5〕	2	操作及び監督の範囲（施行令3条）
〔6〕	3	無線従事者の免許を与えない場合（法42条）
〔7〕	3	無線通信の原則（運用10条）
〔8〕	4	電波の発射の停止（法72条）
〔9〕	1	無線従事者の免許の取消し等（法79条）
〔10〕	1	報告等（法80条）
〔11〕	2	免許状の返納（法24条）
〔12〕	4	無線従事者の選解任届（法51条）

令和元年6月期

〔1〕 無線局の免許を与えられないことがある者はどれか。次のうちから選べ。

1 刑法に規定する罪を犯し懲役に処せられ、その執行を終わった日から2年を経過しない者

2 無線局を廃止し、その廃止の日から2年を経過しない者

3 電波法に規定する罪を犯し罰金以上の刑に処せられ、その執行を終わった日から2年を経過しない者

4 無線局の免許の取消しを受け、その取消しの日から5年を経過しない者

〔2〕 無線局の免許人があらかじめ総務大臣の許可を受けなければならないのはどの場合か。次のうちから選べ。

1 無線設備の設置場所を変更しようとするとき。

2 無線局の運用を開始しようとするとき。

3 無線局の運用を休止しようとするとき。

4 無線局を廃止しようとするとき。

〔3〕 次の記述は、電波の質について述べたものである。電波法の規定に照らし、□内に入れるべき字句を下の番号から選べ。

送信設備に使用する電波の周波数の偏差及び幅、□電波の質は、総務省令で定めるところに適合するものでなければならない。

1 空中線電力の偏差等　　2 変調度等

3 高調波の強度等　　4 電波の型式等

〔4〕「無線従事者」の定義として、正しいものはどれか。次のうちから選べ。

1 無線局に配置された者をいう。

2 無線従事者国家試験に合格した者をいう。

3 無線設備の操作を行う者であって、無線局に配置された者をいう。

4 無線設備の操作又はその監督を行う者であって、総務大臣の免許を受けたものをいう。

〔5〕 第三級陸上特殊無線技士の資格を有する者が、陸上の無線局の1,215MHz以上の周波数の電波を使用する無線設備（レーダー及び人工衛星局の中継により無線通信を行う無線局の多重無線設備を除く。）の外部の転換装置で電波の質に影響を及ぼさないもの

の技術操作を行うことができるのは、空中線電力何ワット以下のものか。次のうちから選べ。

1　250ワット　　2　100ワット　　3　25ワット　　4　10ワット

〔6〕 無線従事者は、免許証を失ったためにその再交付を受けた後、失った免許証を発見したときはどうしなければならないか。次のうちから選べ。

1　発見した日から10日以内に発見した免許証を総務大臣に返納する。

2　発見した日から10日以内に再交付を受けた免許証を総務大臣に返納する。

3　発見した日から10日以内にその旨を総務大臣に届け出る。

4　速やかに、発見した免許証を廃棄する。

〔7〕 無線局を運用する場合においては、遭難通信を行う場合を除き、電波の型式及び周波数は、どの書類に記載されたところによらなければならないか。次のうちから選べ。

1　無線局事項書の写し　　2　免許証

3　免許状　　4　無線局の免許の申請書の写し

〔8〕 総務大臣が無線局に対して臨時に電波の発射の停止を命ずることができるのはどの場合か。次のうちから選べ。

1　無線局の発射する電波が重要無線通信に妨害を与えていると認めるとき。

2　無線局の発射する電波の質が総務省令で定めるものに適合していないと認めるとき。

3　無線局が免許状に記載された空中線電力の範囲を超えて運用していると認めるとき。

4　無線局が免許状に記載された周波数以外の周波数を使用して運用していると認めるとき。

〔9〕 無線局の臨時検査（電波法第73条第5項の検査）において検査されることがあるものはどれか。次のうちから選べ。

1　無線従事者の知識及び技能　　2　無線従事者の勤務状況

3　無線従事者の資格及び員数　　4　無線従事者の業務経歴

〔10〕 無線従事者が電波法又は電波法に基づく命令に違反したときに総務大臣から受けることがある処分はどれか。次のうちから選べ。

1　期間を定めて行う無線設備の操作範囲の制限

2　その業務に従事する無線局の運用の停止

3　無線従事者の免許の取消し

4　6箇月間の業務の従事の停止

〔11〕 無線局の免許状を1箇月以内に総務大臣に返納しなければならないのはどの場合か。次のうちから選べ。

1 無線局の運用の停止を命じられたとき。
2 無線局の免許がその効力を失ったとき。
3 免許状を破損し、又は汚したとき。
4 無線局の運用を休止したとき。

〔12〕 無線局の免許人は、無線従事者を選任し、又は解任したときは、どうしなければならないか。次のうちから選べ。

1 遅滞なく、その旨を総務大臣に届け出る。
2 2週間以内にその旨を総務大臣に届け出る。
3 1箇月以内にその旨を総務大臣に報告する。
4 速やかに総務大臣の承認を受ける。

▶ 解答・根拠

問題	解答	根　　拠
〔1〕	3	欠格事由（法5条）
〔2〕	1	変更等の許可（法17条）
〔3〕	3	電波の質（法28条）
〔4〕	4	無線従事者の定義（法2条）
〔5〕	2	操作及び監督の範囲（施行令3条）
〔6〕	1	免許証の返納（従事者51条）
〔7〕	3	免許状記載事項の遵守（法53条）
〔8〕	2	電波の発射の停止（法72条）
〔9〕	3	検査（法73条）
〔10〕	3	無線従事者の免許の取消し等（法79条）
〔11〕	2	免許状の返納（法24条）
〔12〕	1	無線従事者の選解任届（法51条）

令和元年10月期

〔1〕 無線局の無線設備の変更の工事の許可を受けた免許人は、総務省令で定める場合を除き、どのような手続をとった後でなければ、許可に係る無線設備を運用してはならないか。次のうちから選べ。

1 当該工事の結果が許可の内容に適合している旨を総務大臣に届け出た後
2 総務大臣に運用開始の期日を届け出た後
3 総務大臣の検査を受け、当該工事の結果が許可の内容に適合していると認められた後
4 工事が完了した後、その運用について総務大臣の許可を受けた後

〔2〕「無線局」の定義として、正しいものはどれか。次のうちから選べ。

1 免許人及び無線設備の管理を行う者の総体をいう。
2 無線設備及び無線設備の操作の監督を行う者の総体をいう。
3 無線設備及び無線従事者の総体をいう。ただし、発射する電波が著しく微弱で総務省令で定めるものを含まない。
4 無線設備及び無線設備の操作を行う者の総体をいう。ただし、受信のみを目的とするものを含まない。

〔3〕 電波の主搬送波の変調の型式が角度変調で周波数変調のもの、主搬送波を変調する信号の性質がデジタル信号である単一チャネルのものであって、変調のための副搬送波を使用するもの、伝送情報の型式がデータ伝送、遠隔測定又は遠隔指令の電波の型式を表示する記号はどれか。次のうちから選べ。

1 F8E　　2 F7E　　3 F3C　　4 F2D

〔4〕 総務大臣が無線従事者の免許を与えないことができる者は、無線従事者の免許を取り消され、取消しの日からどれほどの期間を経過しないものか。次のうちから選べ。

1 2年　　2 1年6箇月　　3 1年　　4 6箇月

〔5〕 無線従事者がその免許証を総務大臣に返納しなければならないのはどの場合か。次のうちから選べ。

1 5年以上無線設備の操作を行わなかったとき。
2 無線従事者の免許の取消しの処分を受けたとき。
3 無線通信の業務に従事することを停止されたとき。

4　無線従事者の免許を受けてから５年を経過したとき。

〔6〕 第三級陸上特殊無線技士の資格を有する者が、陸上の無線局の空中線電力50ワット以下の無線設備（レーダー及び人工衛星局の中継により無線通信を行う無線局の多重無線設備を除く。）の外部の転換装置で電波の質に影響を及ぼさないものの技術操作を行うことができる周波数の電波はどれか。次のうちから選べ。

1　1,606.5kHz から 4,000kHz まで　　2　4,000kHz から 25,010kHz まで

3　25,010kHz から 960MHz まで　　4　960MHz から 1,215MHz まで

〔7〕 無線局が電波を発射して行う無線電話の機器の試験中、しばしば確かめなければならないことはどれか。次のうちから選べ。

1　他の無線局から停止の要求がないかどうか。

2　「本日は晴天なり」の連続及び自局の呼出名称の送信が5秒間を超えていないかどうか。

3　空中線電力が許容値を超えていないかどうか。

4　その電波の周波数の偏差が許容値を超えていないかどうか。

〔8〕 総務大臣は、無線局の発射する電波の質が総務省令で定めるものに適合していないと認めるときは、その無線局に対してどのような処分を行うことができるか。次のうちから選べ。

1　無線局の免許を取り消す。　　2　空中線の撤去を命ずる。

3　周波数又は空中線電力の指定を変更する。　　4　臨時に電波の発射の停止を命ずる。

〔9〕 無線局の免許人が電波法又は電波法に基づく命令に違反したときに総務大臣が行うことができる処分はどれか。次のうちから選べ。

1　通信の相手方又は通信事項の制限　　2　無線局の運用の停止

3　電波の型式の制限　　4　再免許の拒否

〔10〕 無線局の免許人は、非常通信を行ったときは、どうしなければならないか。次のうちから選べ。

1　総務省令で定める手続により、総務大臣に報告する。

2　その通信の記録を作成し、１年間これを保存する。

3　非常災害対策本部長に届け出る。

4　地方防災会議会長にその旨を通知する。

〔11〕 無線局の免許状を１箇月以内に総務大臣に返納しなければならないのはどの場合か。次のうちから選べ。

1 無線局の運用の停止を命じられたとき。
2 無線局の免許がその効力を失ったとき。
3 免許状を破損し、又は汚したとき。
4 無線局の運用を休止したとき。

〔12〕 基地局に備え付けておかなければならない書類はどれか。次のうちから選べ。

1 無線従事者免許証
2 無線従事者選解任届の写し
3 無線設備等の点検実施報告書の写し
4 免許状

▶ **解答・根拠**

問題	解答	根　　拠
〔1〕	3	変更検査（法18条）
〔2〕	4	無線局の定義（法２条）
〔3〕	4	電波の型式の表示（施行４条の２）
〔4〕	1	無線従事者の免許を与えない場合（法42条）
〔5〕	2	免許証の返納（従事者51条）
〔6〕	3	操作及び監督の範囲（施行令３条）
〔7〕	1	試験電波の発射（運用39条）
〔8〕	4	電波の発射の停止（法72条）
〔9〕	2	無線局の運用の停止等（法76条）
〔10〕	1	報告等（法80条）
〔11〕	2	免許状の返納（法24条）
〔12〕	4	備付けを要する業務書類（施行38条）

令和２年２月期

〔1〕 無線局の免許人があらかじめ総務大臣の許可を受けなければならないのはどの場合か。次のうちから選べ。

1 無線局を廃止しようとするとき。

2 無線従事者を選任しようとするとき。

3 無線設備の設置場所を変更しようとするとき。

4 無線局の運用を休止しようとするとき。

〔2〕 陸上移動業務の無線局（免許の有効期間が１年以内であるものを除く。）の再免許の申請は、どの期間内に行わなければならないか。次のうちから選べ。

1 免許の有効期間満了前２箇月以上３箇月を超えない期間

2 免許の有効期間満了前２箇月まで

3 免許の有効期間満了前１箇月まで

4 免許の有効期間満了前３箇月以上６箇月を超えない期間

〔3〕 次の記述は、電波の質について述べたものである。電波法の規定に照らし、□内に入れるべき字句を下の番号から選べ。

送信設備に使用する電波の□電波の質は、総務省令で定めるところに適合するものでなければならない。

1 周波数の偏差及び安定度等

2 周波数の偏差、空中線電力の偏差等

3 周波数の偏差及び幅、空中線電力の偏差等

4 周波数の偏差及び幅、高調波の強度等

〔4〕 無線従事者は、免許証を失ったためにその再交付を受けた後、失った免許証を発見したときは、発見した日から何日以内にその免許証を総務大臣に返納しなければならないか。次のうちから選べ。

1 ７日　　2 10日　　3 14日　　4 30日

〔5〕 第三級陸上特殊無線技士の資格を有する者が、陸上の無線局の1,215MHz以上の周波数の電波を使用する無線設備（レーダー及び人工衛星局の中継により無線通信を行う無線局の多重無線設備を除く。）の外部の転換装置で電波の質に影響を及ぼさないものの技術操作を行うことができるのは、空中線電力何ワット以下のものか。次のうちから

選べ。

1　10ワット　　2　25ワット　　3　100ワット　　4　250ワット

〔6〕 総務大臣が無線従事者の免許を与えないことができる者は、無線従事者の免許を取り消され、取消しの日からどれほどの期間を経過しないものか。次のうちから選べ。

1　6箇月　　2　1年　　3　1年6箇月　　4　2年

〔7〕 一般通信方法における無線通信の原則として無線局運用規則に定める事項に該当するものはどれか。次のうちから選べ。

1　無線通信に使用する用語は、できる限り簡潔でなければならない。

2　無線通信を行う場合においては、略符号以外の用語を使用してはならない。

3　無線通信は、長時間継続して行ってはならない。

4　無線通信は、正確に行うものとし、通信上の誤りを知ったときは、通報の送信終了後一括して訂正しなければならない。

〔8〕 無線局の臨時検査（電波法第73条第5項の検査）が行われることがあるのはどの場合か。次のうちから選べ。

1　総務大臣に無線従事者選解任届を提出したとき。

2　総務大臣の許可を受けて、無線設備の変更の工事を行ったとき。

3　無線局の再免許の申請をし、総務大臣から免許が与えられたとき。

4　総務大臣から臨時に電波の発射の停止を命じられたとき。

〔9〕 総務大臣から無線従事者がその免許を取り消されることがあるのはどの場合か。次のうちから選べ。

1　免許証を失ったとき。

2　電波法に違反したとき。

3　日本の国籍を有しない者となったとき。

4　引き続き5年以上無線設備の操作を行わなかったとき。

〔10〕 無線局の免許人は、非常通信を行ったときは、どうしなければならないか。次のうちから選べ。

1　地方防災会議会長に報告する。

2　非常災害対策本部長に届け出る。

3　総務省令で定める手続により、総務大臣に報告する。

4　その通信の記録を作成し、1年間これを保存する。

〔11〕 無線局の免許がその効力を失ったときは、免許人であった者は、その免許状をどうしなければならないか。次のうちから選べ。

1 直ちに廃棄する。
2 １箇月以内に総務大臣に返納する。
3 ３箇月以内に総務大臣に返納する。
4 ２年間保管する。

〔12〕 無線局の免許人は、無線従事者を選任し、又は解任したときは、どうしなければならないか。次のうちから選べ。

1 遅滞なく、その旨を総務大臣に届け出る。
2 ２週間以内にその旨を総務大臣に届け出る。
3 １箇月以内にその旨を総務大臣に報告する。
4 速やかに総務大臣の承認を受ける。

▶ 解答・根拠

問題	解答	根　　拠
〔1〕	3	変更等の許可（法17条）
〔2〕	4	再免許申請の期間（免許18条）
〔3〕	4	電波の質（法28条）
〔4〕	2	免許証の返納（従事者51条）
〔5〕	3	操作及び監督の範囲（施行令3条）
〔6〕	4	無線従事者の免許を与えない場合（法42条）
〔7〕	1	無線通信の原則（運用10条）
〔8〕	4	検査（法73条）
〔9〕	2	無線従事者の免許の取消し等（法79条）
〔10〕	3	報告等（法80条）
〔11〕	2	免許状の返納（法24条）
〔12〕	1	無線従事者の選解任届（法51条）

令和２年１０月期

〔1〕 無線局の無線設備の変更の工事の許可を受けた免許人は、総務省令で定める場合を除き、どのような手続をとった後でなければ、許可に係る無線設備を運用してはならないか。次のうちから選べ。

1 当該工事の結果が許可の内容に適合している旨を総務大臣に届け出た後
2 運用開始の予定期日を総務大臣に届け出た後
3 総務大臣の検査を受け、当該工事の結果が許可の内容に適合していると認められた後
4 工事が完了した後、その運用について総務大臣の許可を受けた後

〔2〕「無線局」の定義として、正しいものはどれか。次のうちから選べ。

1 無線設備及び無線設備の操作を行う者の総体をいう。ただし、受信のみを目的とするものを含まない。
2 免許人及び無線設備を管理する者の総体をいう。
3 無線設備及び無線設備の操作の監督を行う者の総体をいう。
4 無線設備及び無線従事者の総体をいう。ただし、発射する電波が著しく微弱で総務省令で定めるものを含まない。

〔3〕 電波法に規定する電波の質に該当するものはどれか。次のうちから選べ。

1 信号対雑音比　　2 電波の型式
3 周波数の偏差及び幅　　4 変調度

〔4〕 無線従事者は、免許証を失ったためにその再交付を受けた後、失った免許証を発見したときは、発見した日から何日以内にその免許証を総務大臣に返納しなければならないか。次のうちから選べ。

1 10日　　2 7日　　3 30日　　4 14日

〔5〕 第三級陸上特殊無線技士の資格を有する者が、陸上の無線局の空中線電力100ワット以下の無線設備（レーダー及び人工衛星局の中継により無線通信を行う無線局の多重無線設備を除く。）の外部の転換装置で電波の質に影響を及ぼさないものの技術操作を行うことができる周波数の電波はどれか。次のうちから選べ。

1 960MHzから1,215MHzまで　　2 1,215MHz以上
3 4,000kHzから25,010kHzまで　　4 25,010kHzから960MHzまで

〔6〕 総務大臣が無線従事者の免許を与えないことができる者は、無線従事者の免許を取り消され、取消しの日からどれほどの期間を経過しないものか。次のうちから選べ。

1　6箇月　　2　1年　　3　2年　　4　1年6箇月

〔7〕 次の記述は、擬似空中線回路の使用について述べたものである。電波法の規定に照らし、□内に入れるべき字句を下の番号から選べ。

無線局は、無線設備の機器の□又は調整を行うために運用するときには、なるべく擬似空中線回路を使用しなければならない。

1　開発　　2　試験　　3　調査　　4　研究

〔8〕 総務大臣が無線局に対して臨時に電波の発射の停止を命ずることができるのはどの場合か。次のうちから選べ。

1　無線局の発射する電波が重要無線通信に妨害を与えていると認めるとき。
2　無線局の発射する電波の質が総務省令で定めるものに適合していないと認めるとき。
3　無線局の免許人が免許状に記載された空中線電力の範囲を超えて運用していると認めるとき。
4　無線局の免許人が免許状に記載された周波数以外の周波数を使用して運用していると認めるとき。

〔9〕 無線局の免許人が電波法又は電波法に基づく命令に違反したときに総務大臣が行うことができる処分はどれか。次のうちから選べ。

1　無線局の運用の停止
2　電波の型式の制限
3　通信の相手方又は通信事項の制限
4　再免許の拒否

〔10〕 無線局の免許人は、非常通信を行ったときは、どうしなければならないか。次のうちから選べ。

1　地方防災会議会長に報告する。
2　非常災害対策本部長に届け出る。
3　その通信の記録を作成し、1年間これを保存する。
4　総務省令で定める手続により、総務大臣に報告する。

〔11〕　無線局の免許状を１箇月以内に総務大臣に返納しなければならないのはどの場合か。次のうちから選べ。

1　無線局の運用の停止を命じられたとき。
2　無線局の運用を休止したとき。
3　免許状を破損し、又は汚したとき。
4　無線局の免許がその効力を失ったとき。

〔12〕　無線局の免許人は、主任無線従事者を選任し、又は解任したときは、どうしなければならないか。次のうちから選べ。

1　遅滞なく、その旨を総務大臣に届け出る。
2　２週間以内にその旨を総務大臣に届け出る。
3　１箇月以内にその旨を総務大臣に報告する。
4　速やかに総務大臣の承認を受ける。

▶ 解答・根拠

問題	解答	根　　拠
〔1〕	3	変更検査（法18条）
〔2〕	1	無線局の定義（法2条）
〔3〕	3	電波の質（法28条）
〔4〕	1	免許証の返納（従事者51条）
〔5〕	2	操作及び監督の範囲（施行令3条）
〔6〕	3	無線従事者の免許を与えない場合（法42条）
〔7〕	2	擬似空中線回路の使用（法57条）
〔8〕	2	電波の発射の停止（法72条）
〔9〕	1	無線局の運用の停止等（法76条）
〔10〕	4	報告等（法80条）
〔11〕	4	免許状の返納（法24条）
〔12〕	1	主任無線従事者の選解任届（法39条）

令和３年２月期

〔１〕 無線局の免許状に記載される事項に該当しないものはどれか。次のうちから選べ。

1　通信の相手方及び通信事項　　2　空中線の型式及び構成

3　無線設備の設置場所　　4　無線局の目的

〔２〕 無線局の無線設備の変更の工事の許可を受けた免許人は、総務省令で定める場合を除き、どのような手続をとった後でなければ、許可に係る無線設備を運用してはならないか。次のうちから選べ。

1　総務大臣の検査を受け、当該工事の結果が許可の内容に適合していると認められた後

2　当該工事の結果が許可の内容に適合している旨を総務大臣に届け出た後

3　運用開始の予定期日を総務大臣に届け出た後

4　工事が完了した後、その運用について総務大臣の許可を受けた後

〔３〕 電波の主搬送波の変調の型式が角度変調で周波数変調のもの、主搬送波を変調する信号の性質がアナログ信号である単一チャネルのものであって、伝送情報の型式が電話（音響の放送を含む。）の電波の型式を表示する記号はどれか。次のうちから選べ。

1　Ｆ３Ｅ　　2　Ａ３Ｅ　　3　Ｆ７Ｅ　　4　Ｆ８Ｅ

〔４〕「無線従事者」の定義として、正しいものはどれか。次のうちから選べ。

1　無線局に配置された者をいう。

2　無線従事者国家試験に合格した者をいう。

3　無線設備の操作を行う者であって、無線局に配置された者をいう。

4　無線設備の操作又はその監督を行う者であって、総務大臣の免許を受けたものをいう。

〔５〕 第三級陸上特殊無線技士の資格を有する者が、陸上の無線局の25,010kHzから960MHzまでの周波数の電波を使用する無線設備（レーダー及び人工衛星局の中継により無線通信を行う無線局の多重無線設備を除く。）の外部の転換装置で電波の質に影響を及ぼさないものの技術操作を行うことができるのは、空中線電力何ワット以下のものか。次のうちから選べ。

1　500ワット　　2　100ワット　　3　50ワット　　4　25ワット

〔6〕 総務大臣が無線従事者の免許を与えないことができる者は、無線従事者の免許を取り消され、取消しの日からどれほどの期間を経過しないものか。次のうちから選べ。

1　6箇月　　2　1年　　3　2年　　4　1年6箇月

〔7〕 一般通信方法における無線通信の原則として無線局運用規則に定める事項に該当するものはどれか。次のうちから選べ。

1　無線通信を行う場合においては、略符号以外の用語を使用してはならない。
2　無線通信に使用する用語は、できる限り簡潔でなければならない。
3　無線通信は、長時間継続して行ってはならない。
4　無線通信は、正確に行うものとし、通信上の誤りを知ったときは、通報の送信終了後一括して訂正しなければならない。

〔8〕 無線局の免許人が電波法又は電波法に基づく命令に違反したときに総務大臣が行うことができる処分はどれか。次のうちから選べ。

1　電波の型式の制限
2　無線局の運用の停止
3　通信の相手方又は通信事項の制限
4　再免許の拒否

〔9〕 総務大臣は、無線局の発射する電波の質が総務省令で定めるものに適合していないと認めるときは、その無線局に対してどのような処分を行うことができるか。次のうちから選べ。

1　臨時に電波の発射の停止を命ずる。
2　無線局の免許を取り消す。
3　空中線の撤去を命ずる。
4　周波数又は空中線電力の指定を変更する。

〔10〕 無線局の免許人は、非常通信を行ったときは、どうしなければならないか。次のうちから選べ。

1　地方防災会議会長に報告する。
2　非常災害対策本部長に届け出る。
3　総務省令で定める手続により、総務大臣に報告する。
4　その通信の記録を作成し、1年間これを保存する。

〔11〕 無線局の免許がその効力を失ったときは、免許人であった者は、その免許状をどうしなければならないか。次のうちから選べ。

1 直ちに廃棄する。
2 3箇月以内に総務大臣に返納する。
3 2年間保管する。
4 1箇月以内に総務大臣に返納する。

〔12〕 無線局の免許人は、無線従事者を選任し、又は解任したときは、どうしなければならないか。次のうちから選べ。

1 速やかに総務大臣の承認を受ける。
2 遅滞なく、その旨を総務大臣に届け出る。
3 2週間以内にその旨を総務大臣に届け出る。
4 1箇月以内にその旨を総務大臣に報告する。

▶ **解答・根拠**

問題	解答	根　　拠
〔1〕	2	免許状（記載事項）（法14条）
〔2〕	1	変更検査（法18条）
〔3〕	1	電波の型式の表示（施行4条の2）
〔4〕	4	無線従事者の定義（法２条）
〔5〕	3	操作及び監督の範囲（施行令3条）
〔6〕	3	無線従事者の免許を与えない場合（法42条）
〔7〕	2	無線通信の原則（運用10条）
〔8〕	2	無線局の運用の停止等（法76条）
〔9〕	1	電波の発射の停止（法72条）
〔10〕	3	報告等（法80条）
〔11〕	4	免許状の返納（法24条）
〔12〕	2	無線従事者の選解任届（法51条）

令和３年６月期

〔1〕 無線局の無線設備の変更の工事の許可を受けた免許人は、総務省令で定める場合を除き、どのような手続をとった後でなければ、許可に係る無線設備を運用してはならないか。次のうちから選べ。

1 当該工事の結果が許可の内容に適合している旨を総務大臣に届け出た後
2 総務大臣に運用開始の予定期日を届け出た後
3 工事が完了した後、その運用について総務大臣の許可を受けた後
4 総務大臣の検査を受け、当該工事の結果が許可の内容に適合していると認められた後

〔2〕 固定局（免許の有効期間が１年以内であるものを除く。）の再免許の申請は、どの期間内に行わなければならないか。次のうちから選べ。

1 免許の有効期間満了前１箇月まで
2 免許の有効期間満了前２箇月まで
3 免許の有効期間満了前２箇月以上３箇月を超えない期間
4 免許の有効期間満了前３箇月以上６箇月を超えない期間

〔3〕 次の記述は、電波の質について述べたものである。電波法の規定に照らし、□内に入れるべき字句を下の番号から選べ。

送信設備に使用する電波の周波数の偏差及び幅、□電波の質は、総務省令で定めるところに適合するものでなければならない。

1 高調波の強度等　　2 空中線電力の偏差等
3 変調度等　　4 信号対雑音比等

〔4〕 無線従事者は、免許証を失ったためにその再交付を受けた後、失った免許証を発見したときは、発見した日から何日以内にその免許証を総務大臣に返納しなければならないか。次のうちから選べ。

1 10日　　2 7日　　3 30日　　4 14日

〔5〕 総務大臣が無線従事者の免許を与えないことができる者はどれか。次のうちから選べ。

1 刑法に規定する罪を犯し罰金以上の刑に処せられ、その執行を終わり、又はその執行を受けることがなくなった日から２年を経過しない者
2 無線従事者の免許を取り消され、取消しの日から２年を経過しない者

3　無線従事者の免許を取り消され、取消しの日から５年を経過しない者
4　日本の国籍を有しない者

〔6〕 第三級陸上特殊無線技士の資格を有する者が、陸上の無線局の空中線電力５０ワット以下の無線設備（レーダー及び人工衛星局の中継により無線通信を行う無線局の多重無線設備を除く。）の外部の転換装置で電波の質に影響を及ぼさないものの技術操作を行うことができる周波数の電波はどれか。次のうちから選べ。

1　1,606.5kHz から4,000kHz まで　　2　4,000kHz から25,010kHz まで
3　25,010kHz から960MHz まで　　4　960MHz から1,215MHz まで

〔7〕 無線局を運用する場合においては、遭難通信を行う場合を除き、電波の型式及び周波数は、どの書類に記載されたところによらなければならないか。次のうちから選べ。

1　免許状　　2　無線局事項書の写し
3　免許証　　4　無線局の免許の申請書の写し

〔8〕 総務大臣は、無線局の発射する電波の質が総務省令で定めるものに適合していないと認めるときは、その無線局に対してどのような処分を行うことができるか。次のうちから選べ。

1　無線局の免許を取り消す。
2　空中線の撤去を命ずる。
3　臨時に電波の発射の停止を命ずる。
4　周波数又は空中線電力の指定を変更する。

〔9〕 無線局の免許人が電波法又は電波法に基づく命令に違反したときに総務大臣が行うことができる処分はどれか。次のうちから選べ。

1　無線局の運用の停止　　2　通信の相手方又は通信事項の制限
3　電波の型式の制限　　4　再免許の拒否

〔10〕 無線従事者が総務大臣から３箇月以内の期間を定めてその業務に従事することを停止されることがあるのはどの場合か。次のうちから選べ。

1　免許証を失ったとき。
2　無線通信の業務に従事することがなくなったとき。
3　電波法に違反したとき。
4　無線局の運用を休止したとき。

〔11〕 無線局の免許状を１箇月以内に総務大臣に返納しなければならないのはどの場合か。次のうちから選べ。

1 無線局の運用の停止を命じられたとき。
2 免許状を破損し、又は汚したとき。
3 無線局の運用を休止したとき。
4 無線局の免許がその効力を失ったとき。

〔12〕 無線局の免許人は、主任無線従事者を選任し、又は解任したときは、どうしなければならないか。次のうちから選べ。

1 速やかに総務大臣の承認を受ける。
2 遅滞なく、その旨を総務大臣に届け出る。
3 ２週間以内にその旨を総務大臣に届け出る。
4 １箇月以内にその旨を総務大臣に報告する。

▶ **解答・根拠**

問題	解答	根　　拠
〔1〕	4	変更検査（法18条）
〔2〕	4	再免許申請の期間（免許18条）
〔3〕	1	電波の質（法28条）
〔4〕	1	免許証の返納（従事者51条）
〔5〕	2	無線従事者の免許を与えない場合（法42条）
〔6〕	3	操作及び監督の範囲（施行令3条）
〔7〕	1	免許状記載事項の遵守（法53条）
〔8〕	3	電波の発射の停止（法72条）
〔9〕	1	無線局の運用の停止等（法76条）
〔10〕	3	無線従事者の免許の取消し等（法79条）
〔11〕	4	免許状の返納（法24条）
〔12〕	2	主任無線従事者の選解任届（法39条）

令和３年10月期

〔1〕 無線局の免許を与えられないことがある者はどれか。次のうちから選べ。

1 電波法に規定する罪を犯し罰金以上の刑に処せられ、その執行を終わった日から２年を経過しない者

2 無線局の免許の取消しを受け、その取消しの日から５年を経過しない者

3 無線局を廃止し、その廃止の日から２年を経過しない者

4 無線局の運用の停止の命令を受け、その命令の期間の終了の日から６箇月を経過しない者

〔2〕 無線局の免許人があらかじめ総務大臣の許可を受けなければならないのはどの場合か。次のうちから選べ。

1 無線局の運用を開始しようとするとき。

2 無線設備の設置場所を変更しようとするとき。

3 無線局の運用を休止しようとするとき。

4 無線局を廃止しようとするとき。

〔3〕 次の記述は、電波の質について述べたものである。電波法の規定に照らし、[　　]内に入れるべき字句を下の番号から選べ。

送信設備に使用する電波の周波数の偏差及び幅、[　　]電波の質は、総務省令で定めるところに適合するものでなければならない。

1 高調波の強度等　　2 空中線電力の偏差等

3 変調度等　　4 信号対雑音比等

〔4〕 次の記述は、無線従事者の免許証について述べたものである。電波法施行規則の規定に照らし、[　　]内に入れるべき字句を下の番号から選べ。

無線従事者は、その業務に従事しているときは、免許証を[　　]していなければならない。

1 通信室に掲示　　2 無線局に保管　　3 免許人に預託　　4 携帯

〔5〕 第三級陸上特殊無線技士の資格を有する者が、陸上の無線局の1,215MHz以上の周波数の電波を使用する無線設備（レーダー及び人工衛星局の中継により無線通信を行う無線局の多重無線設備を除く。）の外部の転換装置で電波の質に影響を及ぼさないものの技術操作を行うことができるのは、空中線電力何ワット以下のものか。次のうちから選べ。

1　250ワット　2　100ワット　3　25ワット　4　10ワット

〔6〕　無線従事者は、免許証を失ったためにその再交付を受けた後、失った免許証を発見したときはどうしなければならないか。次のうちから選べ。

1　発見した日から10日以内に発見した免許証を総務大臣に返納する。
2　発見した日から10日以内に再交付を受けた免許証を総務大臣に返納する。
3　発見した日から10日以内にその旨を総務大臣に届け出る。
4　速やかに発見した免許証を廃棄する。

〔7〕　一般通信方法における無線通信の原則として無線局運用規則に定める事項に該当するものはどれか。次のうちから選べ。

1　無線通信を行う場合においては、暗語を使用してはならない。
2　無線通信は、長時間継続して行ってはならない。
3　無線通信に使用する用語は、できる限り簡潔でなければならない。
4　無線通信は、正確に行うものとし、通信上の誤りを知ったときは、通報の送信終了後一括して訂正しなければならない。

〔8〕　無線局の臨時検査（電波法第73条第５項の検査）が行われることがあるのはどの場合か。次のうちから選べ。

1　無線従事者を選任したとき。
2　無線設備の変更の工事を行ったとき。
3　無線局の再免許の申請をし、総務大臣から免許が与えられたとき。
4　総務大臣から臨時に電波の発射の停止を命じられたとき。

〔9〕　無線局の免許人が電波法又は電波法に基づく命令に違反したときに総務大臣が行うことができる処分はどれか。次のうちから選べ。

1　無線局の運用の停止　2　通信の相手方又は通信事項の制限
3　電波の型式の制限　4　再免許の拒否

〔10〕　無線局の免許人は、電波法の規定に違反して運用した無線局を認めたときは、どうしなければならないか。次のうちから選べ。

1　その無線局の電波の発射を停止させる。
2　その無線局の免許人にその旨を通知する。
3　その無線局の免許人を告発する。
4　総務省令で定める手続により、総務大臣に報告する。

〔11〕 無線局の免許がその効力を失ったときは、免許人であった者は、その免許状をどうしなければならないか。次のうちから選べ。

1　直ちに廃棄する。
2　２年間保管する。
3　３箇月以内に総務大臣に返納する。
4　１箇月以内に総務大臣に返納する。

〔12〕 陸上移動局（包括免許に係る特定無線局を除く。）の免許状は、どこに備え付けておかなければならないか。次のうちから選べ。

1　無線設備の常置場所
2　基地局の通信室
3　免許人の事務所
4　基地局の無線設備の設置場所

▶ 解答・根拠

問題	解答	根　　拠
〔1〕	1	欠格事由（法5条）
〔2〕	2	変更等の許可（法17条）
〔3〕	1	電波の質（法28条）
〔4〕	4	免許証の携帯（施行38条）
〔5〕	2	操作及び監督の範囲（施行令3条）
〔6〕	1	免許証の返納（従事者51条）
〔7〕	3	無線通信の原則（運用10条）
〔8〕	4	検査（法73条）
〔9〕	1	無線局の運用の停止等（法76条）
〔10〕	4	報告等（法80条）
〔11〕	4	免許状の返納（法24条）
〔12〕	1	免許状を備付ける場所（施行38条）

令和４年２月期

〔1〕 無線局の免許状に記載される事項に該当しないものはどれか。次のうちから選べ。

1　通信の相手方及び通信事項

2　空中線の型式及び構成

3　無線設備の設置場所

4　無線局の目的

〔2〕 陸上移動業務の無線局（免許の有効期間が１年以内であるものを除く。）の再免許の申請は、どの期間内に行わなければならないか。次のうちから選べ。

1　免許の有効期間満了前３箇月以上６箇月を超えない期間

2　免許の有効期間満了前２箇月以上３箇月を超えない期間

3　免許の有効期間満了前２箇月まで

4　免許の有効期間満了前１箇月まで

〔3〕 電波の主搬送波の変調の型式が角度変調で周波数変調のもの、主搬送波を変調する信号の性質がアナログ信号である単一チャネルのものであって、伝送情報の型式が電話（音響の放送を含む。）の電波の型式を表示する記号はどれか。次のうちから選べ。

1　Ｆ３Ｅ　　2　Ｆ７Ｅ　　3　Ｆ８Ｅ　　4　Ａ３Ｅ

〔4〕 無線従事者は、免許証を失ったためにその再交付を受けた後、失った免許証を発見したときは、発見した日から何日以内にその免許証を総務大臣に返納しなければならないか。次のうちから選べ。

1　７日　　2　10日　　3　14日　　4　30日

〔5〕 第三級陸上特殊無線技士の資格を有する者が、陸上の無線局の空中線電力50ワット以下の無線設備（レーダー及び人工衛星局の中継により無線通信を行う無線局の多重無線設備を除く。）の外部の転換装置で電波の質に影響を及ぼさないものの技術操作を行うことができる周波数の電波はどれか。次のうちから選べ。

1　1,606.5kHz から4,000kHz まで

2　4,000kHz から25,010kHz まで

3　25,010kHz から960MHz まで

4　960MHz から1,215MHz まで

〔6〕 総務大臣が無線従事者の免許を与えないことができる者は、無線従事者の免許を取り消され、取消しの日からどれほどの期間を経過しないものか。次のうちから選べ。

1　6箇月　　2　1年　　3　1年6箇月　　4　2年

〔7〕 一般通信方法における無線通信の原則として無線局運用規則に定める事項に該当するものはどれか。次のうちから選べ。

1　無線通信は、長時間継続して行ってはならない。
2　無線通信を行う場合においては、暗語を使用してはならない。
3　無線通信に使用する用語は、できる限り簡潔でなければならない。
4　無線通信は、正確に行うものとし、通信上の誤りを知ったときは、通報の送信終了後一括して訂正しなければならない。

〔8〕 無線局の臨時検査（電波法第73条第5項の検査）において検査されることがあるものはどれか。次のうちから選べ。

1　無線従事者の知識及び技能　　2　無線従事者の資格及び員数
3　無線従事者の勤務状況　　4　無線従事者の業務経歴

〔9〕 無線局の免許人が電波法又は電波法に基づく命令に違反したときに総務大臣が行うことができる処分はどれか。次のうちから選べ。

1　再免許の拒否　　2　電波の型式の制限
3　無線局の運用の停止　　4　通信の相手方又は通信事項の制限

〔10〕 総務大臣から無線従事者がその免許を取り消されることがあるのはどの場合か。次のうちから選べ。

1　日本の国籍を有しない者となったとき。
2　免許証を失ったとき。
3　引き続き5年以上無線設備の操作を行わなかったとき。
4　電波法に違反したとき。

〔11〕 無線局の免許人は、無線従事者を選任し、又は解任したときは、どうしなければならないか。次のうちから選べ。

1　遅滞なく、その旨を総務大臣に届け出る。
2　1箇月以内にその旨を総務大臣に報告する。
3　2週間以内にその旨を総務大臣に届け出る。
4　速やかに総務大臣の承認を受ける。

〔12〕 無線局の免許人は、免許状に記載した事項に変更を生じたときは、どうしなければならないか。次のうちから選べ。

1 直ちに、その旨を総務大臣に届け出る。

2 遅滞なく、その旨を総務大臣に報告する。

3 総務大臣に免許状の再交付を申請する。

4 免許状を総務大臣に提出し、訂正を受ける。

▶ **解答・根拠**

問題	解答	根　　拠
〔1〕	2	免許状（記載事項）（法14条）
〔2〕	1	再免許申請の期間（免許18条）
〔3〕	1	電波の型式の表示（施行4条の2）
〔4〕	2	免許証の返納（従事者51条）
〔5〕	3	操作及び監督の範囲（施行令3条）
〔6〕	4	無線従事者の免許を与えない場合（法42条）
〔7〕	3	無線通信の原則（運用10条）
〔8〕	2	検査（法73条）
〔9〕	3	無線局の運用の停止等（法76条）
〔10〕	4	無線従事者の免許の取消し等（法79条）
〔11〕	1	無線従事者の選解任届（法51条）
〔12〕	4	免許状の訂正（法21条）

第三級陸上特殊無線技士 無線工学

試験概要

試験問題：問題数／12問
合格基準：満　点／60点　合格点／40点
配点内訳：１　問／５点

平成30年2月期

〔1〕 次の電気に関する単位のうち、誤っているのはどれか。

1 電流〔A〕　2 インダクタンス〔Wb〕　3 静電容量〔F〕　4 抵抗〔Ω〕

〔2〕 電界効果トランジスタ（FET）の電極と一般の接合形トランジスタの電極の組合せで、その働きが対応しているのはどれか。

1 ドレイン　ベース　2 ゲート　ベース

3 ドレイン　エミッタ　4 ソース　コレクタ

〔3〕 図に示すアンテナの名称と l の長さの組合せで、正しいのはどれか。

	名称	l の長さ
1	ホイップアンテナ	$\frac{1}{4}$波長
2	ホイップアンテナ	$\frac{1}{2}$波長
3	スリーブアンテナ	$\frac{1}{4}$波長
4	スリーブアンテナ	$\frac{1}{2}$波長

〔4〕 次の記述の□内に入れるべき字句の組合せで、正しいのはどれか。

電波の伝搬速度は、光の速さと同じで1秒間に3 × [A] メートルである。また、同一波形が1秒間に繰り返される回数を [B] という。

	A	B
1	10^8	周期
2	10^8	周波数
3	10^{10}	周波数
4	10^{10}	周期

〔5〕 鉛蓄電池の取扱い上の注意として、誤っているのはどれか。

1 過放電させないこと。

2 日光の当たる場所に置かないこと。

3 電解液が少なくなったら蒸留水を補充すること。

4 常に過充電すること。

〔6〕 アナログ方式の回路計（テスタ）で直流抵抗を測定するときの準備の手順で正しいのはどれか。

1　測定レンジを選ぶ→0〔Ω〕調整をする→テストリード（テスト棒）を短絡する。
2　0〔Ω〕調整をする→測定レンジを選ぶ→テストリード（テスト棒）を短絡する。
3　測定レンジを選ぶ→テストリード（テスト棒）を短絡する→0〔Ω〕調整をする。
4　テストリード（テスト棒）を短絡する→0〔Ω〕調整をする→測定レンジを選ぶ。

〔7〕 AM（A3E）通信方式と比べたときのFM（F3E）通信方式の一般的な特徴で、正しいのはどれか。

1　搬送波を抑圧している。　　2　占有周波数帯幅が広い。
3　雑音の影響を受けやすい。　　4　装置の回路構成が簡単である。

〔8〕 図は、直接FM（F3E）送信装置の構成例を示したものである。□内に入れるべき名称の組合せで、正しいのは次のうちどれか。

	A	B
1	周波数変調器	電力増幅器
2	周波数変調器	低周波増幅器
3	平衡変調器	電力増幅器
4	平衡変調器	低周波増幅器

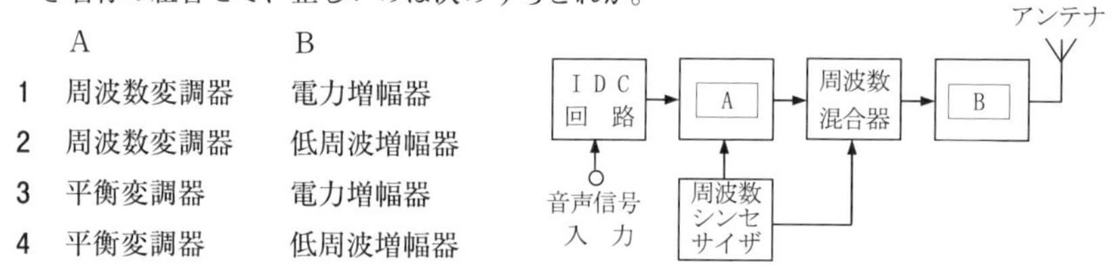

〔9〕 FM（F3E）送受信機において、電波が発射されるのは、次のうちどれか。

1　電源スイッチを接（ON）にしたとき。　　2　スケルチを動作させたとき。
3　プレストークボタンを離したとき。　　4　プレストークボタンを押したとき。

〔10〕 FM（F3E）送受信機の受信操作で、正しいのはどれか。

1　スケルチ調整つまみは、雑音が消える限界付近の位置にする。
2　スケルチ調整つまみは、雑音が消えている範囲の任意の位置でよい。
3　スケルチ調整つまみは、雑音を消すためのもので、いっぱいに回しておく。
4　受信中に相手の電波が弱くなった場合でも、スケルチ調整つまみは、操作する必要はない。

〔11〕 スーパヘテロダイン受信機において、近接周波数による混信を軽減するには、どのようにするのが最も効果的か。

1　局部発振器に水晶発振器を用いる。
2　AGC回路を断（OFF）にする。
3　中間周波増幅器に適切な特性の帯域フィルタ（BPF）を用いる。
4　高周波増幅器の利得を下げる。

〔12〕 無線送受信機の制御器を使用する主な目的は、次のうちどれか。
1 電源電圧の変動を避けるため。
2 送受信機を離れたところから操作するため。
3 スピーカから出る雑音のみを消すため。
4 送信と受信の切替えのみを行うため。

▶ 解答・解説

問 題	解 答	問 題	解 答	問 題	解 答	問 題	解 答
〔1〕	2	〔2〕	2	〔3〕	3	〔4〕	2
〔5〕	4	〔6〕	3	〔7〕	2	〔8〕	1
〔9〕	4	〔10〕	1	〔11〕	3	〔12〕	2

〔1〕
2 インダクタンス〔H〕
〔H〕をヘンリーと読む。

〔2〕
ゲートはベース、ドレインはコレクタ、ソースはエミッタに対応する。

〔5〕
4 **充電は規定電流で規定時間行うこと。**

〔7〕
1、3、4について、正しくは以下のとおり。
1 搬送波を抑圧**していない**。
3 雑音の影響を受け**にくい**。
4 装置の回路構成が**多少複雑**である。

〔11〕
帯域フィルタの帯域幅を切り換えることのできる受信機の場合には、帯域幅を狭くして近接している周波数の混信をなくす。

平成30年6月期

〔1〕 図に示す回路の端子ab間の合成抵抗の値として、正しいのはどれか。

1　5〔kΩ〕

2　10〔kΩ〕

3　20〔kΩ〕

4　40〔kΩ〕

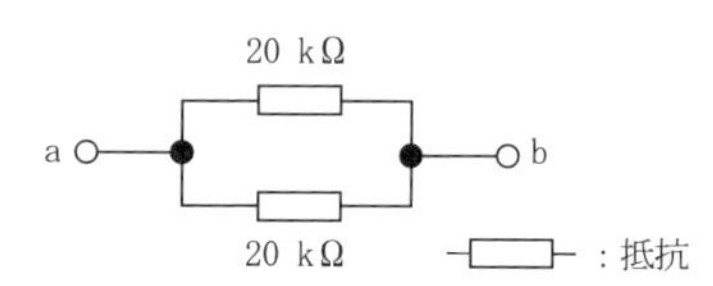

〔2〕 図に示すNPN形トランジスタの図記号において、電極aの名称は、次のうちどれか。

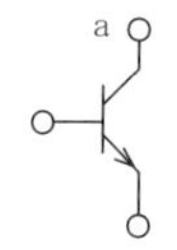

1　ドレイン　　2　ベース

3　エミッタ　　4　コレクタ

〔3〕 図に示す水平半波長ダイポールアンテナのlの長さと水平面内の指向性の組合せで、正しいのはどれか。

	lの長さ	指向性
1	$\frac{1}{4}$波長	全方向性（無指向性）
2	$\frac{1}{4}$波長	8字形
3	$\frac{1}{2}$波長	全方向性（無指向性）
4	$\frac{1}{2}$波長	8字形

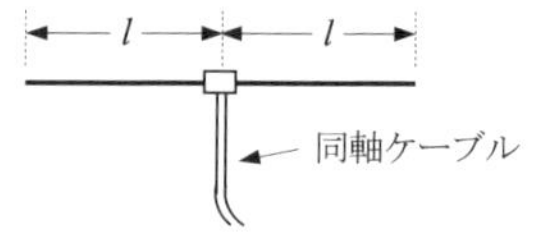

〔4〕 次の記述は、超短波（VHF）帯の電波の伝わり方について述べたものである。誤っているのはどれか。

1　光に似た性質で、直進する。

2　通常、電離層を突き抜けてしまう。

3　見通し距離内の通信に適する。

4　伝搬途中の地形や建物の影響を受けない。

〔5〕 次の記述の□内に入れるべき字句の組合せで、正しいのはどれか。

一般に、充放電が可能な［A］電池の一つに［B］があり、ニッケルカドミウム蓄電池に比べて、自己放電が少なく、メモリー効果がない等の特徴がある。

	A	B
1	二次	リチウムイオン蓄電池
2	二次	マンガン乾電池
3	一次	リチウムイオン蓄電池
4	一次	マンガン乾電池

〔6〕 次の記述は、アナログ方式の回路計（テスタ）で直流電圧を測定するとき、通常、測定前に行う操作について述べたものである。適当でないものはどれか。

1　測定する電圧に応じた、適当な測定レンジを選ぶ。

2　電圧が予測できないときは、最大の測定レンジにしておく。

3　測定前の操作の中で、最初にテストリード（テスト棒）を測定しようとする箇所に触れる。

4　メータの指針のゼロ点を確かめる。

〔7〕 DSB（A3E）送信機において、音声信号で変調された搬送波は、どのようになっているか。

1　振幅、周波数ともに変化しない。

2　周波数が変化している。

3　振幅が変化している。

4　断続している。

〔8〕 図は、FM（F3E）受信機の構成の一部を示したものである。空欄の部分の名称の組合せで正しいのはどれか。

	A	B
1	振幅制限器	スケルチ回路
2	振幅制限器	AGC 回路
3	周波数変換器	スケルチ回路
4	周波数変換器	AGC 回路

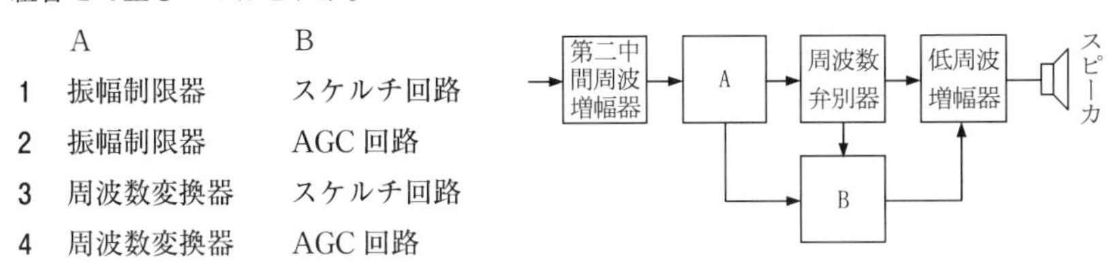

〔9〕 FM（F3E）送信機において、IDC 回路を設ける目的は何か。

1　寄生振動の発生を防止する。

2　周波数偏移を制御する。

3　高調波の発生を除去する。

4　発振周波数を安定にする。

〔10〕 単信方式のFM（F3E）送受信機において、プレストークボタンを押して送信しているときの状態の説明で、正しいのはどれか。

1　電波は発射されず、受信音も聞こえない。

2　電波は発射されていないが、受信音は聞こえる。

3　電波が発射されているが、受信音は聞こえない。

4　電波が発射されており、受信音も聞こえる。

〔11〕 無線送受信機の制御器（コントロールパネル）は、一般に次のうちどのようなときに使用されるか。

1 スピーカから出る雑音のみを消すため。
2 電源電圧の変動を避けるため。
3 送信と受信の切替えのみを容易に行うため。
4 送受信機を離れたところから操作するため。

〔12〕 FM（F3E）受信機のスケルチ回路について、説明しているのはどれか。

1 受信電波が無いときに出る大きな雑音を消すための回路
2 受信電波の振幅を一定にして、振幅変調成分を取り除く回路
3 受信電波の近接周波数による混信を除去する回路
4 受信電波の周波数の変化を振幅の変化に変換し、信号を取り出す回路

▶ 解答・解説

問 題	解 答	問 題	解 答	問 題	解 答	問 題	解 答
〔1〕	2	〔2〕	4	〔3〕	2	〔4〕	4
〔5〕	1	〔6〕	3	〔7〕	3	〔8〕	1
〔9〕	2	〔10〕	3	〔11〕	4	〔12〕	1

〔1〕

並列接続した抵抗の合成抵抗値 R〔Ω〕は、各抵抗の抵抗値を R_1、R_2、… R_n とすれば、次式のようになる。

$$R=\frac{1}{\frac{1}{R_1}+\frac{1}{R_2}+\cdots+\frac{1}{R_n}}$$

したがって、問題の二つの抵抗20〔kΩ〕と20〔kΩ〕の場合は次のようになる。

$$R=\frac{1}{\frac{1}{20}+\frac{1}{20}}=\frac{20\times20}{20+20}=10\text{〔kΩ〕}$$

〔2〕

図はNPN形トランジスタの電極名である。

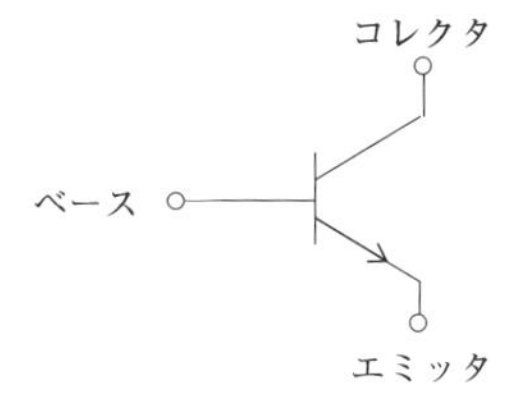

〔4〕

4　伝搬途中の地形や建物の影響を**受けやすい**。

〔6〕

アナログ式の回路計は、前に使用した状態になっていることが多いので、いきなりテストリードを測定箇所に触れると、回路計のメータを焼き切ってしまうことがある。

〔9〕

IDC（Instantaneous Deviation Control：瞬時偏移制御）回路は、過大な変調入力があっても、周波数偏移が一定値以上に広がらないように制御し、占有周波数帯幅を許容値内に維持し、隣接チャネルへの干渉を防ぐものである。

〔12〕

選択肢2～4の機能は次のとおり。

2　振幅制限器の働きである。

3　フィルタの働きである。

4　周波数弁別器の働きである。

平成30年10月期

〔1〕 図に示す回路の端子 ab 間の合成静電容量は、幾らになるか。

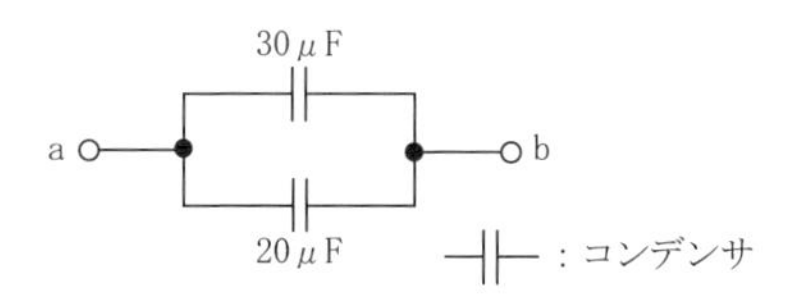

1 10〔μF〕

2 12〔μF〕

3 30〔μF〕

4 50〔μF〕

〔2〕 図に示す電界効果トランジスタ（FET）の図記号において、電極 a の名称は、次のうちどれか。

1 ゲート

2 ソース

3 ベース

4 ドレイン

〔3〕 垂直半波長ダイポールアンテナから放射される電波の偏波と、水平面内の指向性についての組合せで、正しいのはどれか。

	偏波	指向性		偏波	指向性
1	垂直	8字形	2	水平	全方向性（無指向性）
3	水平	8字形	4	垂直	全方向性（無指向性）

〔4〕 次の記述は、超短波（VHF）帯の電波の伝わり方について述べたものである。誤っているのはどれか。

1 光に似た性質で、直進する。

2 見通し距離内の通信に適する。

3 伝搬途中の地形や建物の影響を受けない。

4 通常、電離層を突き抜けてしまう。

〔5〕 次の記述は、ニッケル・カドミウム蓄電池の特徴について述べたものである。誤っているのは、どれか。

1 1個（単電池）当たりの公称電圧は、2〔V〕である。

2 大きな電流で放電が可能である。

3 電解液がアルカリ性で、腐食がなく、機器内に収容できる。

4 過放電しても、性能の低下が起こりにくい。

〔6〕 次の記述は、アナログ方式の回路計（テスタ）で直流電圧を測定するとき、通常、測定前に行う操作について述べたものである。適当でないものはどれか。

1 測定前の操作の中で、最初にテストリード（テスト棒）を測定しようとする箇所に触れる。

2 測定する電圧に応じた、適当な測定レンジを選ぶ。

3 メータの指針のゼロ点を確かめる。

4 電圧が予測できないときは、最大の測定レンジにしておく。

〔7〕 振幅変調（A3E）波と比べたときの周波数変調（F3E）波の占有周波数帯幅の一般的な特徴は、次のうちどれか。

1 同じ　　2 広い　　3 狭い　　4 半分

〔8〕 次の記述の□内に入れるべき字句の組合せで、正しいのはどれか。

スケルチ調整つまみは、［A］状態のときスピーカから出る［B］を抑制するときに用いる。

	A	B
1	送信	雑音
2	送信	音声
3	受信	雑音
4	受信	音声

〔9〕 FM（F3E）送信機において、IDC回路を設ける目的は何か。

1 周波数偏移を制御する。

2 発振周波数を安定にする。

3 高調波の発生を除去する。

4 寄生振動の発生を防止する。

〔10〕 図は、直接FM（F3E）送信装置の構成例を示したものである。□内に入れるべき名称の組合せで、正しいのは次のうちどれか。

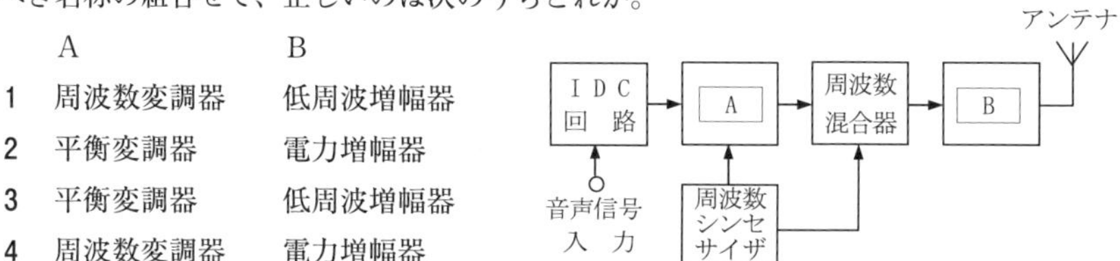

	A	B
1	周波数変調器	低周波増幅器
2	平衡変調器	電力増幅器
3	平衡変調器	低周波増幅器
4	周波数変調器	電力増幅器

〔11〕 FM（F3E）送受信機において、電波が発射されるのは、次のうちどれか。

1 プレストークボタンを押したとき。
2 電源スイッチを接（ON）にしたとき。
3 スケルチを動作させたとき。
4 プレストークボタンを離したとき。

〔12〕 次の記述は、鉛蓄電池の取扱い上の注意について述べたものである。誤っているのはどれか。

1 充電は規定電流で規定時間行うこと。
2 3か月に1回程度は、放電終止電圧以下で使用しておくこと。
3 直射日光の当たらない冷暗所に保管（設置）すること。
4 常に極板が露出しない程度に電解液を補充しておくこと。

▶ 解答・解説

問 題	解 答	問 題	解 答	問 題	解 答	問 題	解 答
〔1〕	4	〔2〕	2	〔3〕	4	〔4〕	3
〔5〕	1	〔6〕	1	〔7〕	2	〔8〕	3
〔9〕	1	〔10〕	4	〔11〕	1	〔12〕	2

〔1〕

コンデンサC_1〔μF〕、C_2〔μF〕を並列接続したコンデンサの合成静電容量C〔F〕は、次式のようになる。

$C = C_1 + C_2$〔μF〕

したがって、30〔μF〕と20〔μF〕の並列接続したコンデンサの合成静電容量を求めると

$C = 30 + 20 = 50$〔μF〕

〔2〕

FETのPチャネルの図記号

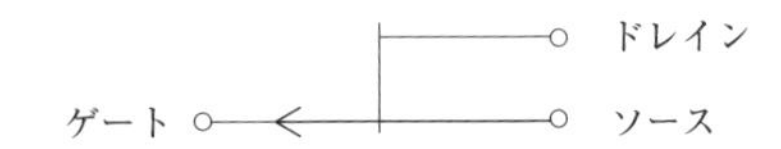

〔4〕

3 伝搬途中の地形や建物の影響を**受けやすい**。

〔5〕

1　1個（単電池）当たりの公称電圧は1.2〔V〕である。

〔6〕

アナログ式の回路計は、前に使用した状態になっていることが多いので、いきなりテストリードを測定箇所に触れると、回路計のメータを焼き切ってしまうことがある。

〔9〕

IDC（Instantaneous Deviation Control：瞬時偏移制御）回路は、過大な変調入力があっても、周波数偏移が一定値以上に広がらないように制御し、占有周波数帯幅を許容値内に維持し、隣接チャネルへの干渉を防ぐものである。

〔12〕

2　規定電流以上又は放電終止電圧以下で使用しないこと。

平成31年2月期

〔1〕 図に示す回路の端子 ab 間の合成静電容量は、幾らになるか。

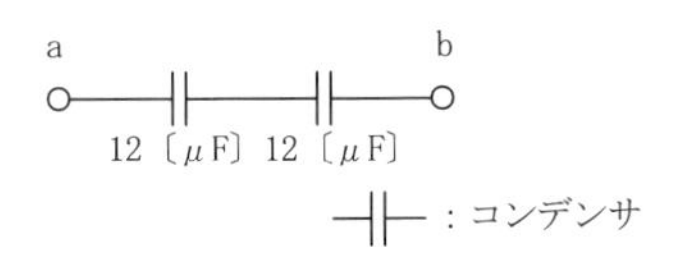

1　3〔μF〕
2　6〔μF〕
3　12〔μF〕
4　24〔μF〕

〔2〕 図に示す NPN 形トランジスタの図記号において、電極 a の名称は、次のうちどれか。

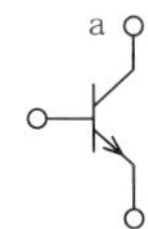

1　エミッタ　　2　ベース
3　コレクタ　　4　ゲート

〔3〕 超短波（VHF）帯の周波数を利用する送受信設備において、装置とアンテナを接続する給電線として、通常使用されるものは次のうちどれか。

1　同軸ケーブル　　2　導波管線路　　3　平行 2 線式線路　　4　LAN ケーブル

〔4〕 短波（HF）の伝わり方と比べたときの超短波（VHF）の伝わり方の記述で、最も適切なものはどれか。

1　見通し距離外の通信に適する。
2　太陽の紫外線による影響を受ける。
3　昼間と夜間では、電波の伝わり方が異なる。
4　通常、電離層を突き抜けてしまう。

〔5〕 機器に用いる電源ヒューズの電流値は、機器の規格電流に比べて、どのような値のものが最も適切か。

1　少し小さい値　　2　十分小さい値　　3　少し大きい値　　4　十分大きい値

〔6〕 負荷 R にかかる電圧を測定するときの電圧計 V のつなぎ方で、正しいのはどれか。

1

2

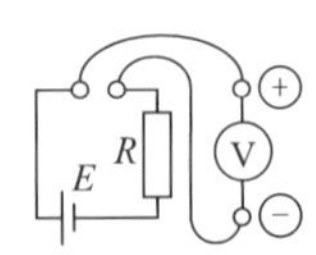

3

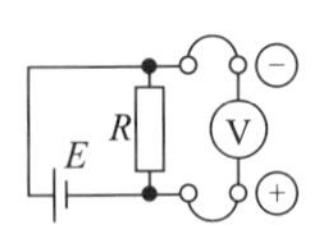

4

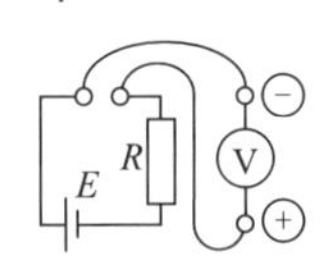

：直流電源
R：抵抗

〔7〕 DSB（A3E）送信機において、音声信号で変調された搬送波は、どのようになっているか。

1 断続している。　　2 振幅が変化している。

3 周波数が変化している。　　4 振幅、周波数ともに変化しない。

〔8〕 無線送受信機の制御器は、次のうちどのようなときに使用されるか。

1 スピーカから出る雑音のみを消すため。

2 電源電圧の変動を避けるため。

3 送受信機を離れたところから操作するため。

4 送信と受信の切替えのみを容易に行うため。

〔9〕 FM（F3E）送信機において、IDC回路を設ける目的は何か。

1 寄生振動の発生を防止する。　　2 高調波の発生を除去する。

3 発振周波数を安定にする。　　4 周波数偏移を制御する。

〔10〕 単信方式のFM（F3E）送受信機において、プレストークボタンを押して送信しているときの状態の説明で、正しいのはどれか。

1 電波は発射されず、受信音も聞こえない。

2 電波が発射されているが、受信音は聞こえない。

3 電波が発射されており、受信音も聞こえる。

4 電波は発射されていないが、受信音は聞こえる。

〔11〕 図は、直接FM（F3E）送信装置の構成例を示したものである。□内に入れるべき名称の組合せで、正しいのは次のうちどれか。

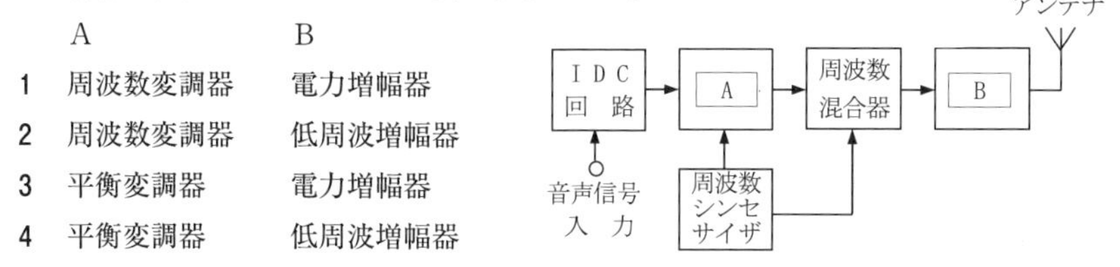

	A	B
1	周波数変調器	電力増幅器
2	周波数変調器	低周波増幅器
3	平衡変調器	電力増幅器
4	平衡変調器	低周波増幅器

〔12〕 FM（F3E）受信機のスケルチ回路について、説明しているのはどれか。

1 受信電波の周波数の変化を振幅の変化に変換し、信号を取り出す回路

2 受信電波の振幅を一定にして、振幅変調成分を取り除く回路

3 受信電波が無いときに出る大きな雑音を消すための回路

4 受信電波の近接周波数による混信を除去する回路

▶ 解答・解説

問題	解答	問題	解答	問題	解答	問題	解答
〔1〕	2	〔2〕	3	〔3〕	1	〔4〕	4
〔5〕	3	〔6〕	1	〔7〕	2	〔8〕	3
〔9〕	4	〔10〕	2	〔11〕	1	〔12〕	3

〔1〕

コンデンサ C_1〔μF〕、C_2〔μF〕を直列接続したコンデンサの合成静電容量 C〔F〕は、次式のようになる。

$$C=\frac{1}{\frac{1}{C_1}+\frac{1}{C_2}}=\frac{C_1\times C_2}{C_1+C_2}=\frac{12\times 12}{12+12}=6\text{〔μF〕}$$

〔4〕

選択肢1～3の正しい記述は以下のとおり。

1 見通し距離**内**の通信に適する。

2 太陽の紫外線による影響は**受けない**。

3 昼間と夜間では、電波の伝わり方は**変わらない**。

〔6〕

電圧計は負荷 R と並列にし、電圧計の＋端子を電池の＋側に、また、－端子を電池の－側に接続する。

〔9〕

IDC（Instantaneous Deviation Control：瞬時偏移制御）回路は、過大な変調入力があっても、周波数偏移が一定値以上に広がらないように制御し、占有周波数帯幅を許容値内に維持し、隣接チャネルへの干渉を防ぐものである。

〔12〕

選択肢1、2、4の機能は次のとおり。

1 周波数弁別器の働きである。

2 振幅制限器の働きである。

4 フィルタの働きである。

令和元年6月期

〔1〕 電界効果トランジスタ（FET）の電極と一般の接合形トランジスタの電極の組合せで、その働きが対応しているのはどれか。

1	ドレイン	ベース	2	ソース	ベース
3	ドレイン	エミッタ	4	ソース	エミッタ

〔2〕 図に示す回路の端子 ab 間の合成抵抗の値として、正しいのはどれか。

1 5〔kΩ〕

2 10〔kΩ〕

3 30〔kΩ〕

4 40〔kΩ〕

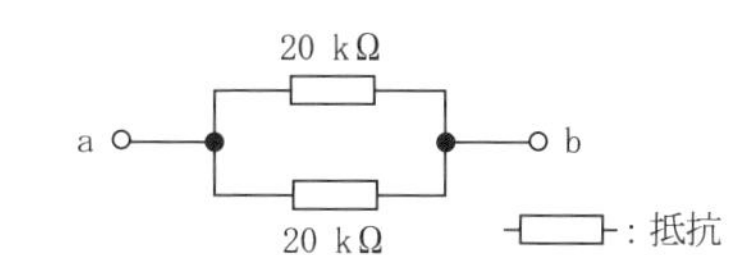

〔3〕 図は、三素子八木・宇田アンテナ（八木アンテナ）の構成を示したものである。各素子の名称の組合せで、正しいのはどれか。ただし、A、B、C の長さは、A < B < C の関係があるものとする。

	A	B	C
1	反射器	導波器	放射器
2	反射器	放射器	導波器
3	導波器	反射器	放射器
4	導波器	放射器	反射器

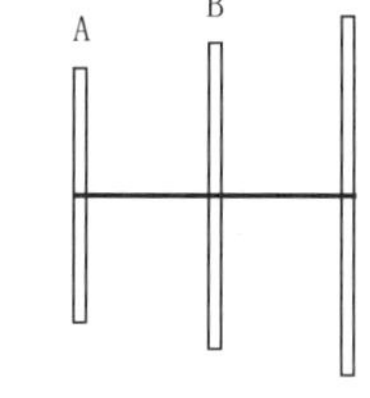

〔4〕 短波（HF）の伝わり方と比べたときの超短波（VHF）の伝わり方の記述で、最も適切なものはどれか。

1 アンテナの高さが通達距離に大きく影響する。

2 電離層波が主に利用される。

3 比較的遠距離の通信に適する。

4 昼間と夜間では、電波の伝わり方が異なる。

〔5〕 電池の記述で、正しいのはどれか。

1 鉛蓄電池は、一次電池である。

2 容量を大きくするには、電池を直列に接続する。

3 蓄電池は、化学エネルギーを電気エネルギーとして取り出す。

4 リチウムイオン蓄電池は、メモリー効果があるので継ぎ足し充電ができない。

〔6〕 次の記述の□内に入れるべき字句の組合せで、正しいのはどれか。

アナログ方式の回路計（テスタ）を用いて交流電圧を測定しようとするときは、切替つまみを測定しようとする電圧の値よりやや[A]の値の[B]レンジにする。

	A	B		A	B
1	大きめ	DC VOLTS	2	大きめ	AC VOLTS
3	小さめ	DC VOLTS	4	小さめ	AC VOLTS

〔7〕 FM送信機において、音声信号で変調された搬送波はどのようになっているか。

1 断続している。
2 振幅が変化している。
3 周波数が変化している。
4 振幅、周波数ともに変化しない。

〔8〕 次の記述は、アナログ通信方式と比べたときのデジタル通信方式の一般的な特徴について述べたものである。誤っているものを下の番号から選べ。

1 雑音の影響を受けにくい。
2 信号処理による遅延が生じる。
3 受信側で誤り訂正を行うことができる。
4 秘話性を高くすることができない。

〔9〕 無線送受信機の制御器を使用する目的として、正しいのはどれか。

1 スピーカから出る雑音のみを消すため。
2 送受信機を離れたところから操作するため。
3 電源電圧の変動を避けるため。
4 送信と受信の切替えのみを容易に行うため。

〔10〕 FM受信機における周波数弁別器を説明しているのはどれか。

1 受信電波の周波数の変化を振幅の変化に変換して、信号を取り出す。
2 受信電波の振幅を一定にして、振幅変調成分を取り除く。
3 近接周波数による混信を除去する。
4 受信電波が無くなったときに生ずる大きな雑音を消す。

〔11〕 FM（F3E）送信機において、IDC回路を設ける目的は何か。

1 寄生振動の発生を防止する。
2 周波数偏移を制御する。
3 発振周波数を安定にする。
4 高調波の発生を除去する。

〔12〕 FM送受信機の送受信操作で、誤っているのはどれか。

1 音量調整つまみは、最も聞き易い音量に調整する。
2 送信の際、マイクロホンと口の距離は、5～10〔cm〕ぐらいが適当である。

3　他局が通話中のとき、プレストークボタンを押し、送信割り込みをしても良い。

4　制御器を使用する場合、切換スイッチは、「遠操」にしておく。

▶ 解答・解説

問　題	解　答	問　題	解　答	問　題	解　答	問　題	解　答
〔1〕	4	〔2〕	2	〔3〕	4	〔4〕	1
〔5〕	3	〔6〕	2	〔7〕	3	〔8〕	4
〔9〕	2	〔10〕	1	〔11〕	2	〔12〕	3

〔1〕

ゲートはベース、ドレインはコレクタ、ソースはエミッタに対応する。

〔2〕

並列接続した抵抗の合成抵抗値 R〔Ω〕は、各抵抗の抵抗値を R_1、R_2、… R_n とすれば、次式のようになる。

$$R=\frac{1}{\dfrac{1}{R_1}+\dfrac{1}{R_2}+\cdots+\dfrac{1}{R_n}}$$

したがって、問題の二つの抵抗20〔kΩ〕と20〔kΩ〕の場合は次のようになる。

$$R=\frac{1}{\dfrac{1}{20}+\dfrac{1}{20}}=\frac{20\times20}{20+20}=10\,〔\mathrm{k\Omega}〕$$

〔8〕

4　秘話性を高くすることができる。

〔11〕

IDC（Instantaneous Deviation Control：瞬時偏移制御）回路は、過大な変調入力があっても、周波数偏移が一定値以上に広がらないように制御し、占有周波数帯幅を許容値内に維持し、隣接チャネルへの干渉を防ぐものである。

令和元年10月期

〔1〕 図に示す電気回路の電源電圧 E の大きさを3倍にすると、抵抗 R によって消費される電力は、何倍になるか。

1　3倍
2　6倍
3　9倍
4　12倍

〔2〕 次の記述の［　］内に入れるべき字句の組合せで、正しいのはどれか。

半導体は、周囲の温度が上昇するとその電気抵抗が［ A ］し、内部を流れる電流は［ B ］する。

	A	B		A	B
1	増加	減少	2	減少	増加
3	増加	増加	4	減少	減少

〔3〕 蓄電池のアンペア時〔Ah〕は、何を表すか。

1　起電力　　2　定格電流　　3　内部抵抗　　4　容量

〔4〕 超短波（VHF）帯では、一般にアンテナの高さを高くした方が電波の到達距離が延びるのはなぜか。

1　見通し距離が延びるから。
2　地表波の減衰が少なくなるから。
3　対流圏散乱波が伝わりやすくなるから。
4　スポラジックE層（Es層）の反射によって伝わりやすくなるから。

〔5〕 次の記述の［　］内に入れるべき字句の組合せで、正しいのはどれか。

図のアンテナは、［ A ］アンテナと呼ばれる。電波の波長を λ で表したとき、アンテナ素子の長さ l は［ B ］であり、水平面内の指向性は全方向性（無指向性）である。

	A	B		A	B
1	ダイポール	$\frac{1}{2}$波長	2	ブラウン	$\frac{1}{4}$波長
3	ダイポール	$\frac{1}{4}$波長	4	ブラウン	$\frac{1}{2}$波長

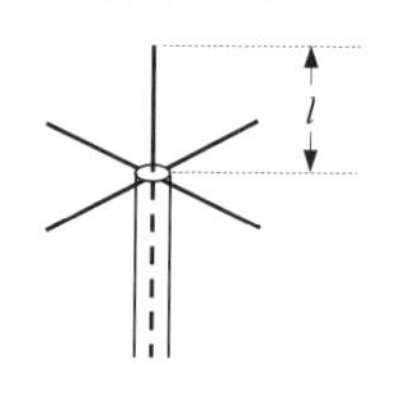

〔6〕 アナログ方式の回路計（テスタ）のゼロオーム調整つまみは、何を測定するときに必要となるか。

1 電圧　　2 電流　　3 抵抗　　4 静電容量

〔7〕 搬送波を発生する回路は、次のうちどれか。

1 増幅回路　　2 発振回路　　3 変調回路　　4 検波回路

〔8〕 次の記述の□内に入れるべき字句の組合せで、正しいのはどれか。

FM（F3E）受信機において、相手局からの送話が［A］とき、受信機から雑音が出たら［B］調整つまみを回して、雑音が消える限界点付近の位置に調整する。

	A	B		A	B
1	有る	スケルチ	2	有る	音量
3	無い	スケルチ	4	無い	音量

〔9〕 次の記述は、単信方式のFM（F3E）送受信機において、プレストークボタンを押して送信しているときの状態について述べたものである。正しいのはどれか。

1 スピーカから雑音が出ず、受信音も聞こえない。

2 スピーカから雑音が出ていないが、受信音は聞こえる。

3 スピーカから雑音が出ており、受信音も聞こえる。

4 スピーカから雑音が出ているが、受信音は聞こえない。

〔10〕 図は、デジタル無線送信装置の概念図例を示したものである。□内に入れるべき字句を下の番号から選べ。

1 周波数変調器　　2 IDC回路

3 A/D変換器　　4 AFC回路

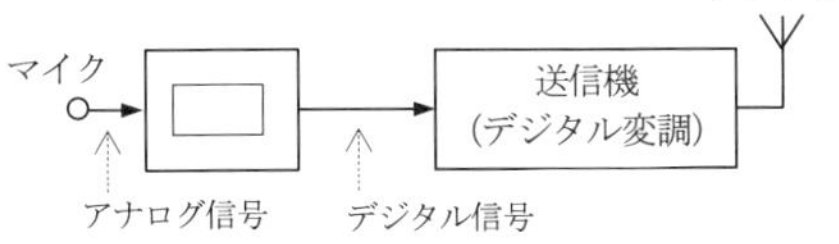

〔11〕 次の記述は、受信機の性能のうち何について述べたものか。

送信された信号を受信し、受信機の出力側で元の信号がどれだけ忠実に再現できるかという能力を表す。

1 忠実度　　2 安定度　　3 選択度　　4 感度

〔12〕 スーパヘテロダイン受信機の周波数変換部の働きは、次のうちどれか。

1 中間周波数を音声周波数に変える。　　2 音声周波数を中間周波数に変える。

3 受信周波数を音声周波数に変える。　　4 受信周波数を中間周波数に変える。

▶ 解答・解説

問題	解答	問題	解答	問題	解答	問題	解答
〔1〕	3	〔2〕	2	〔3〕	4	〔4〕	1
〔5〕	2	〔6〕	3	〔7〕	2	〔8〕	3
〔9〕	1	〔10〕	3	〔11〕	1	〔12〕	4

〔1〕

電力の式 $P=E^2/R$ において E を3倍にすると、

$$P=\frac{(3E)^2}{R}=9\times\frac{E^2}{R}$$

となり、消費電力は9倍となる。

〔3〕

電池の容量は〔Ah〕（アンペア時）で表され、取り出すことのできる電流 I〔A〕とその時間 h〔時間〕の積である。電池の容量を W とすれば $W=I\times h$ となる。

〔4〕

超短波以上の周波数の電波は電離層を突き抜けてしまうので、到達距離は、通常、見通し距離内である。地球は丸いのでアンテナの高さによって見通し距離は変わる。

〔11〕

選択肢2～4の説明は以下のとおり。

2　安定度：受信機に一定振幅、一定周波数の信号入力を加えた場合、再調整を行わず、どの程度長時間にわたって一定の出力が得られるかの能力を表すもの。

3　選択度：多数の異なる周波数の電波の中から、混信を受けないで、目的とする電波を選び出すことができる能力を表すもの。

4　感度：どの程度まで弱い電波を受信できるかの能力を表すもの。

令和２年２月期

〔1〕 次の電気に関する単位のうち、誤っているのはどれか。

1	電流〔A〕	2	静電容量〔F〕
3	抵抗〔Ω〕	4	インダクタンス〔Wb〕

〔2〕 電界効果トランジスタ（FET）の電極と一般の接合形トランジスタの電極の組合せで、その働きが対応しているのはどれか。

1	ドレイン	ベース	2	ドレイン	エミッタ
3	ゲート	ベース	4	ソース	コレクタ

〔3〕 次の記述の[　　]内に入れるべき字句の組合せで、正しいのはどれか。

図のアンテナは、[A]アンテナと呼ばれる。電波の波長を λ で表したとき、アンテナ素子の長さ l は[B]であり、水平面内の指向性は全方向性（無指向性）である。

	A	B
1	ブラウン	$\frac{1}{2}$ 波長
2	ブラウン	$\frac{1}{4}$ 波長
3	ダイポール	$\frac{1}{2}$ 波長
4	ダイポール	$\frac{1}{4}$ 波長

l

〔4〕 次の記述の[　　]内に入れるべき字句の組合せで、正しいのはどれか。

電波の伝搬速度は、光の速さと同じで1秒間に $3\times$[A]メートルである。また、同一波形が1秒間に繰り返される回数を[B]という。

	A	B		A	B
1	10^{8}	周波数	2	10^{8}	周期
3	10^{10}	周波数	4	10^{10}	周期

〔5〕 鉛蓄電池の取扱い上の注意として、誤っているのはどれか。

1 過放電させないこと。

2 日光の当たる場所に置かないこと。

3 常に過充電すること。

4 電解液が少なくなったら蒸留水を補充すること。

〔6〕 アナログ方式の回路計（テスタ）で直流抵抗を測定するときの準備の手順で正しいのはどれか。

1 測定レンジを選ぶ→0〔Ω〕調整をする→テストリード（テスト棒）を短絡する。
2 測定レンジを選ぶ→テストリード（テスト棒）を短絡する→0〔Ω〕調整をする。
3 0〔Ω〕調整をする→測定レンジを選ぶ→テストリード（テスト棒）を短絡する。
4 テストリード（テスト棒）を短絡する→0〔Ω〕調整をする→測定レンジを選ぶ。

〔7〕 振幅変調（A3E）波と比べたときの周波数変調（F3E）波の占有周波数帯幅の一般的な特徴は、次のうちどれか。

1 広い　　2 狭い　　3 同じ　　4 半分

〔8〕 次の記述の□内に入れるべき字句の組合せで、正しいのはどれか。

スケルチ調整つまみは、［A］状態のときスピーカから出る［B］を抑制するときに用いる。

	A	B		A	B
1	送信	雑音	2	受信	雑音
3	送信	音声	4	受信	音声

〔9〕 FM（F3E）送信機において、IDC 回路を設ける目的は何か。

1 寄生振動の発生を防止する。　　2 高調波の発生を除去する。
3 発振周波数を安定にする。　　4 周波数偏移を制御する。

〔10〕 図は、デジタル無線送信装置の概念図例を示したものである。□内に入れるべき字句を下の番号から選べ。

1 A/D 変換器
2 周波数変調器
3 IDC 回路
4 AFC 回路

アンテナ
マイク
送信機
(デジタル変調)
アナログ信号
デジタル信号

〔11〕 FM（F3E）送受信機において、電波が発射されるのは、次のうちどれか。

1 プレストークボタンを離したとき。
2 電源スイッチを接（ON）にしたとき。
3 スケルチを動作させたとき。
4 プレストークボタンを押したとき。

〔12〕 次の記述は、鉛蓄電池の取扱い上の注意について述べたものである。誤っているのはどれか。

1 充電は規定電流で規定時間行うこと。
2 直射日光の当たらない冷暗所に保管（設置）すること。
3 ３か月に１回程度は、放電終止電圧以下で使用しておくこと。
4 常に極板が露出しない程度に電解液を補充しておくこと。

▶ 解答・解説

問 題	解 答	問 題	解 答	問 題	解 答	問 題	解 答
〔１〕	4	〔２〕	3	〔３〕	2	〔４〕	1
〔５〕	3	〔６〕	2	〔７〕	1	〔８〕	2
〔９〕	4	〔10〕	1	〔11〕	4	〔12〕	3

〔１〕

4 インダクタンス〔H〕

〔H〕をヘンリーと読む。

〔２〕

ゲートはベース、ドレインはコレクタ、ソースはエミッタに対応する。

〔５〕

3 **充電は規定電流で規定時間行うこと。**

〔９〕

IDC（Instantaneous Deviation Control：瞬時偏移制御）回路は、過大な変調入力があっても、周波数偏移が一定値以上に広がらないように制御し、占有周波数帯幅を許容値内に維持し、隣接チャネルへの干渉を防ぐものである。

〔12〕

3 **規定電流以上又は**放電終止電圧以下で**使用しないこと。**

令和2年10月期

〔1〕 図に示す回路の端子 ab 間の合成静電容量は、幾らになるか。

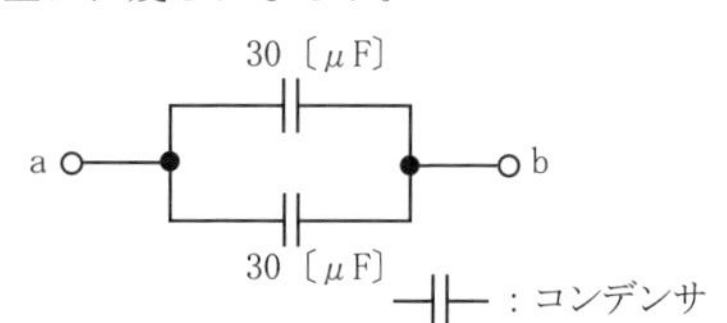

1 15〔μF〕
2 30〔μF〕
3 60〔μF〕
4 90〔μF〕

〔2〕 電界効果トランジスタ（FET）の電極と一般の接合形トランジスタの電極の組合せで、その働きが対応しているのはどれか。

1	ドレイン	ベース	2	ソース	ベース
3	ドレイン	エミッタ	4	ソース	エミッタ

〔3〕 図に示すアンテナの名称と l の長さの組合せで、正しいのはどれか。

	名称	l の長さ
1	スリーブアンテナ	$\frac{1}{4}$ 波長
2	スリーブアンテナ	$\frac{1}{2}$ 波長
3	ホイップアンテナ	$\frac{1}{4}$ 波長
4	ホイップアンテナ	$\frac{1}{2}$ 波長

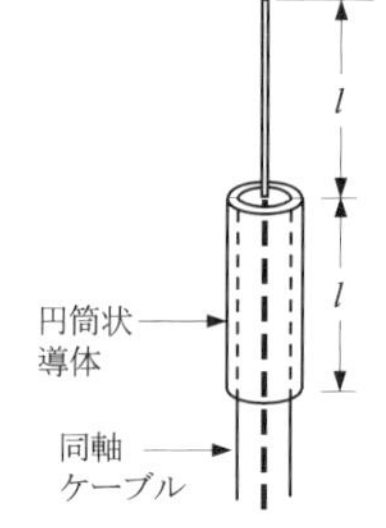

〔4〕 短波（HF）の伝わり方と比べたときの超短波（VHF）の伝わり方の記述で、最も適切なものはどれか。

1 昼間と夜間では、電波の伝わり方が異なる。
2 アンテナの高さが通達距離に大きく影響する。
3 電離層波が主に利用される。
4 比較的遠距離の通信に適する。

〔5〕 電池の記述で、誤っているのはどれか。

1 鉛蓄電池は、二次電池である。
2 容量を大きくするには、電池を並列に接続する。
3 リチウムイオン蓄電池は、メモリー効果があるので継ぎ足し充電ができない。
4 蓄電池は、化学エネルギーを電気エネルギーとして取り出す。

〔6〕 次の記述の□内に入れるべき字句の組合せで、正しいのはどれか。

アナログ方式の回路計（テスタ）を用いて直流電圧を測定しようとするときは、切替つまみを測定しようとする電圧の値よりやや［A］の値の［B］レンジにする。

	A	B		A	B
1	小さめ	AC VOLTS	2	小さめ	DC VOLTS
3	大きめ	AC VOLTS	4	大きめ	DC VOLTS

〔7〕 搬送波を発生する回路は、次のうちどれか。

1 発振回路　　2 増幅回路　　3 変調回路　　4 検波回路

〔8〕 次の記述は、多元接続方式について述べたものである。□内に入れるべき字句を下の番号から選べ。

FDMAは、個々のユーザに使用チャネルとして□を個別に割り当てる方式であり、チャネルとチャネルの間にガードバンドを設けている。

1 極めて短い時間　　2 周波数　　3 拡散符号　　4 変調方式

〔9〕 次の記述は、アナログ通信方式と比べたときのデジタル通信方式の一般的な特徴について述べたものである。誤っているものを下の番号から選べ。

1 雑音の影響を受けにくい。
2 信号処理による遅延が生じる。
3 受信側で誤り訂正を行うことができる。
4 秘話性を高くすることができない。

〔10〕 図は、直接FM（F3E）送信装置の構成例を示したものである。□内に入れるべき名称の組合せで、正しいのは次のうちどれか。

	A	B
1	周波数変調器	電力増幅器
2	周波数変調器	低周波増幅器
3	平衡変調器	電力増幅器
4	平衡変調器	低周波増幅器

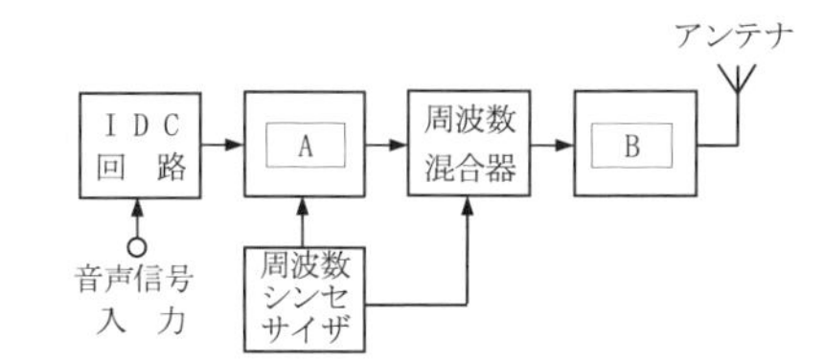

〔11〕 次の記述は、受信機の性能のうち何について述べたものか。

送信された信号を受信し、受信機の出力側で元の信号がどれだけ忠実に再現できるかという能力を表す。

1 選択度　　2 忠実度　　3 安定度　　4 感度

〔12〕 スーパヘテロダイン受信機の周波数変換部の働きは、次のうちどれか。

1 受信周波数を音声周波数に変える。

2 中間周波数を音声周波数に変える。

3 受信周波数を中間周波数に変える。

4 音声周波数を中間周波数に変える。

▶ 解答・解説

問題	解答	問題	解答	問題	解答	問題	解答
〔1〕	3	〔2〕	4	〔3〕	1	〔4〕	2
〔5〕	3	〔6〕	4	〔7〕	1	〔8〕	2
〔9〕	4	〔10〕	1	〔11〕	2	〔12〕	3

〔1〕

コンデンサ C_1〔μF〕、C_2〔μF〕を並列接続したコンデンサの合成静電容量 C〔F〕は、次式のようになる。

$$C = C_1 + C_2 \text{〔μF〕}$$

したがって、30〔μF〕と30〔μF〕の並列接続したコンデンサの合成静電容量を求めると

$$C = 30 + 30 = 60 \text{〔μF〕}$$

〔2〕

ゲートはベース、ドレインはコレクタ、ソースはエミッタに対応する。

〔5〕

3 リチウムイオン蓄電池は、メモリー効果が**ない**ので継ぎ足し充電が**できる**。

〔9〕

4 秘話性を高くすることが**できる**。

〔11〕

選択肢１、３、４の説明は以下のとおり。

1　選択度：多数の異なる周波数の電波の中から、混信を受けないで、目的とする電波を選び出すことができる能力を表すもの。

3　安定度：受信機に一定振幅、一定周波数の信号入力を加えた場合、再調整を行わず、どの程度長時間にわたって一定の出力が得られるかの能力を表すもの。

4　感度：どの程度まで弱い電波を受信できるかの能力を表すもの。

令和３年２月期

〔1〕 図に示す回路の端子ab間の合成静電容量は、幾らになるか。

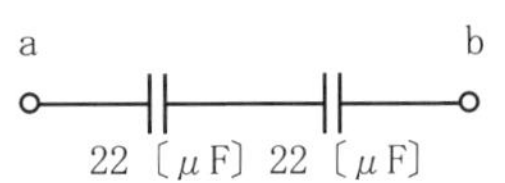

：コンデンサ

1 11〔μF〕
2 22〔μF〕
3 33〔μF〕
4 44〔μF〕

〔2〕 図に示す電界効果トランジスタ（FET）の図記号において、電極aの名称は、次のうちどれか。

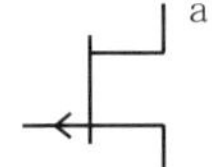

1 ゲート　　2 ソース
3 ベース　　4 ドレイン

〔3〕 超短波（VHF）帯の周波数を利用する送受信設備において、装置とアンテナを接続する給電線として、通常使用されるものは次のうちどれか。

1 LANケーブル（より対線）　　2 導波管
3 同軸給電線　　4 平行２線式給電線

〔4〕 短波（HF）の伝わり方と比べたときの超短波（VHF）の伝わり方の記述で、最も適切なものはどれか。

1 見通し距離外の通信に適する。
2 太陽の紫外線による影響を受ける。
3 地表波の減衰が少なく、通信に適する。
4 通常、電離層を突き抜けてしまう。

〔5〕 機器に用いる電源ヒューズの電流値は、機器の規格電流に比べて、どのような値のものが最も適切か。

1 少し小さい値　　2 十分小さい値
3 少し大きい値　　4 十分大きい値

〔6〕抵抗 R に流れる電流を測定するときの電流計 A のつなぎ方で、正しいのはどれか。

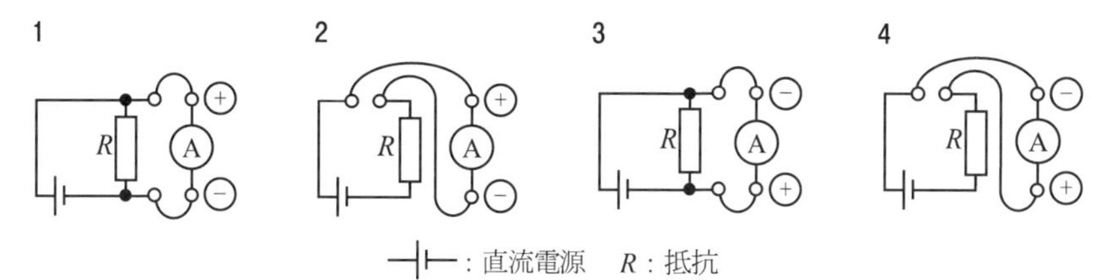

〔7〕 FM 送信機において、音声信号で変調された搬送波はどのようになっているか。

1　断続している。　　　2　周波数が変化している。
3　振幅が変化している。　4　振幅、周波数ともに変化しない。

〔8〕 次の記述は、アナログ通信方式と比べたときのデジタル通信方式の一般的な特徴について述べたものである。誤っているものを下の番号から選べ。

1　信号処理による遅延がない。
2　雑音の影響を受けにくい。
3　秘話性を高くすることができる。
4　受信側で誤り訂正を行うことができる

〔9〕 次の記述は、デジタル変調について述べたものである。[　　]内に入れるべき字句は次のうちどれか。

PSK は、ベースバンド信号に応じて搬送波の位相を切り替える方式である。また、QPSK は、1回の変調（シンボル）で[　　]ビットの情報を伝送できる。

1　5　　2　4　　3　3　　4　2

〔10〕 図は、デジタル無線受信装置の概念図例を示したものである。[　　]内に入れるべき名称を下の番号から選べ。

1　D/A 変換器
2　周波数変換器
3　IDC 回路
4　AFC 回路

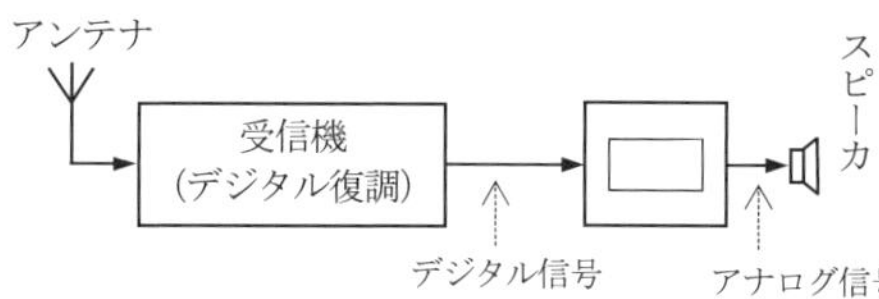

三陸特無線工学

〔11〕 スーパヘテロダイン受信機において、近接周波数による混信を軽減するには、どのようにするのが最も効果的か。

1　局部発振器に水晶発振器を用いる。
2　AGC 回路を断（OFF）にする。
3　中間周波増幅器に適切な特性の帯域フィルタ（BPF）を用いる。
4　高周波増幅器の利得を下げる。

〔12〕 無線送受信機の制御器を使用する主な目的は、次のうちどれか。

1　電源電圧の変動を避けるため。
2　送受信機を離れたところから操作するため。
3　スピーカから出る雑音のみを消すため。
4　送信と受信の切替えのみを行うため。

▶ 解答・解説

問題	解答	問題	解答	問題	解答	問題	解答
〔1〕	1	〔2〕	4	〔3〕	3	〔4〕	4
〔5〕	3	〔6〕	2	〔7〕	2	〔8〕	1
〔9〕	4	〔10〕	1	〔11〕	3	〔12〕	2

〔1〕

コンデンサ C_1〔μF〕、C_2〔μF〕を直列接続したコンデンサの合成静電容量 C〔F〕は、次式のようになる。

$$C = \frac{1}{\dfrac{1}{C_1} + \dfrac{1}{C_2}} = \frac{C_1 \times C_2}{C_1 + C_2} = \frac{22 \times 22}{22 + 22} = 11 \text{〔}\mu\text{F〕}$$

〔2〕

FET の P チャネルの図記号

〔4〕

選択肢1～3の正しい記述は以下のとおり。

1　見通し距離**内**の通信に適する。

2　太陽の紫外線による影響は**受けない**。

3　地表波の減衰が**大きく**、通信に**適しない**。

〔6〕

電流計は負荷Rと直列にし、電流計の＋端子から－端子の向きに電流が流れるように接続する。

〔8〕

1　信号処理による遅延が**生じる**。

〔11〕

帯域フィルタの帯域幅を切り換えることのできる受信機の場合には、帯域幅を狭くして近接している周波数の混信をなくす。

令和３年６月期

〔1〕 図に示す回路の端子 ab 間の合成抵抗の値として、正しいのはどれか。

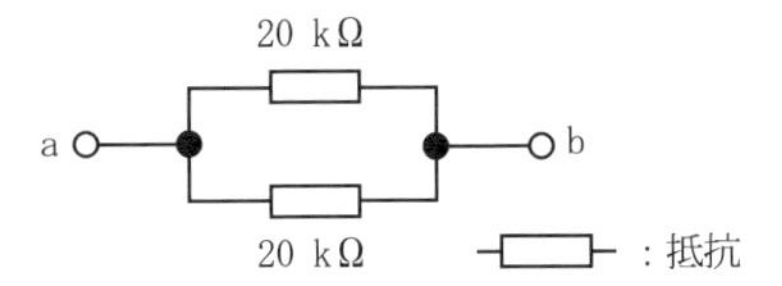

1　5〔k Ω〕
2　10〔k Ω〕
3　20〔k Ω〕
4　40〔k Ω〕

〔2〕 図に示すNPN形トランジスタの図記号において、電極aの名称は、次のうちどれか。

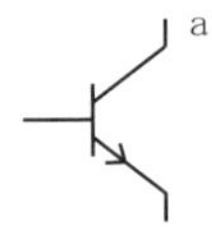

1　ドレイン　　2　ベース
3　エミッタ　　4　コレクタ

〔3〕 図に示す水平半波長ダイポールアンテナの l の長さと水平面内の指向特性の組合せで、正しいのはどれか。

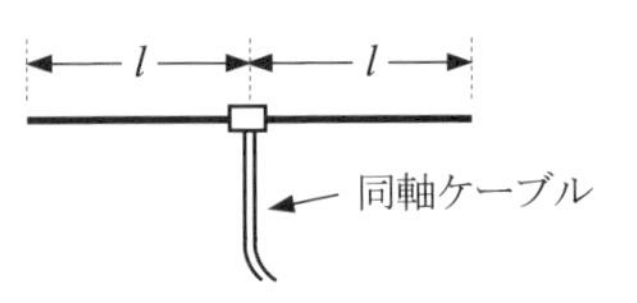

	l の長さ	指向特性
1	$\frac{1}{4}$波長	全方向性（無指向性）
2	$\frac{1}{4}$波長	8字形
3	$\frac{1}{2}$波長	全方向性（無指向性）
4	$\frac{1}{2}$波長	8字形

〔4〕 次の記述は、超短波（VHF）帯の電波の伝わり方について述べたものである。誤っているのはどれか。

1　光に似た性質で、直進する。
2　通常、電離層を突き抜けてしまう。
3　見通し距離内の通信に適する。
4　伝搬途中の地形や建物の影響を受けない。

〔5〕 次の記述は、鉛蓄電池の取扱い上の注意について述べたものである。誤っているのはどれか。

1　3か月に1回程度は、放電終止電圧以下で使用しておくこと。
2　充電は規定電流で規定時間行うこと。
3　直射日光の当たらない冷暗所に保管（設置）すること。
4　常に極板が露出しない程度に電解液を補充しておくこと。

〔6〕　次の記述は、アナログ方式の回路計（テスタ）で直流電圧を測定するとき、通常、測定前に行う操作について述べたものである。適当でないものはどれか。
1　測定する電圧に応じた、適当な測定レンジを選ぶ。
2　電圧が予測できないときは、最大の測定レンジにしておく。
3　測定前の操作の中で、最初にテストリード（テスト棒）を測定しようとする箇所に触れる。
4　メータの指針のゼロ点を確かめる。

〔7〕　AM（A3E）送信機において、音声信号で変調された搬送波はどのようになっているか。
1　断続している。
2　周波数が変化している。
3　振幅が変化している。
4　振幅、周波数ともに変化しない。

〔8〕　次の記述は、アナログ通信方式と比べたときのデジタル通信方式の一般的な特徴について述べたものである。誤っているものを下の番号から選べ。
1　信号処理による遅延がない。
2　雑音の影響を受けにくい。
3　秘話性を高くすることができる。
4　受信側で誤り訂正を行うことができる。

〔9〕　次の記述は、多元接続方式について述べたものである。□内に入れるべき字句を下の番号から選べ。

TDMAは、一つの周波数を共有し、個々のユーザに使用チャネルとして□を個別に割り当てる方式であり、チャネルとチャネルの間にガードタイムを設けている。

1　周波数　　2　拡散符号
3　変調方式　　4　極めて短い時間（タイムスロット）

〔10〕 次の記述は、デジタル変調について述べたものである。[　　]内に入れるべき字句を下の番号から選べ。

入力信号の「0」又は「1」によって、搬送波の位相のみを変化させる方式を、[　　]という。

1 ASK　　2 FSK　　3 QAM　　4 PSK

〔11〕 次の記述は、単信方式のFM（F3E）送受信機において、プレストークボタンを押して送信しているときの状態について述べたものである。正しいのはどれか。

1 スピーカから雑音が出ているが、受信音は聞こえない。
2 スピーカから雑音が出ており、受信音も聞こえる。
3 スピーカから雑音が出ていないが、受信音は聞こえる。
4 スピーカから雑音が出ず、受信音も聞こえない。

〔12〕 無線送受信機の制御器を使用する主な目的は、次のうちどれか。

1 送受信機を離れたところから操作するため。
2 電源電圧の変動を避けるため。
3 送信と受信の切替えのみを行うため。
4 スピーカから出る雑音のみを消すため。

▶ 解答・解説

問題	解答	問題	解答	問題	解答	問題	解答
〔1〕	2	〔2〕	4	〔3〕	2	〔4〕	4
〔5〕	1	〔6〕	3	〔7〕	3	〔8〕	1
〔9〕	4	〔10〕	4	〔11〕	4	〔12〕	1

〔1〕

並列接続した抵抗の合成抵抗値 R〔Ω〕は、各抵抗の抵抗値を R_1、R_2、… R_n とすれば、次式のようになる。

$$R = \frac{1}{\frac{1}{R_1} + \frac{1}{R_2} + \cdots + \frac{1}{R_n}}$$

したがって、問題の二つの抵抗20〔kΩ〕と20〔kΩ〕の場合は次のようになる。

$$R=\frac{1}{\frac{1}{20}+\frac{1}{20}}=\frac{20\times20}{20+20}=10\text{〔kΩ〕}$$

〔2〕

図はNPN形トランジスタの電極名である。

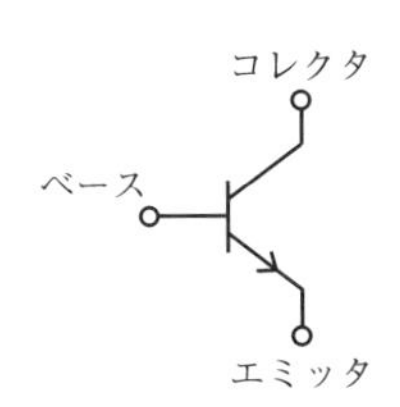

〔4〕

4　伝搬途中の地形や建物の影響を**受けやすい**。

〔5〕

1　**規定電流以上又は放電終止電圧以下で使用しないこと。**

〔6〕

アナログ式の回路計は、前に使用した状態になっていることが多いので、いきなりテストリードを測定箇所に触れると、回路計のメータを焼き切ってしまうことがある。

〔8〕

1　信号処理による遅延が**生じる**。

令和3年10月期

〔1〕 図に示す電気回路の抵抗Rの値の大きさを3倍にすると、Rによって消費される電力は、何倍になるか。

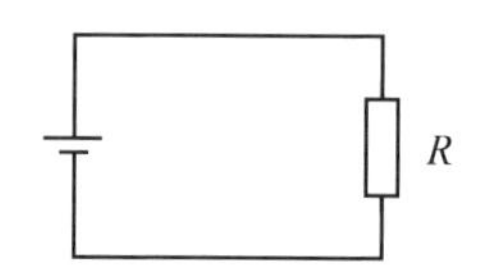

─┤├─ :直流電源　─▭─ :抵抗

1　$\frac{1}{9}$倍

2　$\frac{1}{3}$倍

3　3倍

4　9倍

〔2〕次の記述の[　　]内に入れるべき字句の組合せで、正しいのはどれか。

半導体は、周囲の温度が上昇するとその電気抵抗が[A]し、内部を流れる電流は[B]する。

	A	B		A	B
1	増加	減少	2	増加	増加
3	減少	増加	4	減少	減少

〔3〕図は、三素子八木・宇田アンテナ（八木アンテナ）の構成を示したものである。各素子の名称の組合せで、正しいのはどれか。ただし、A、B、Cの長さは、A＜B＜Cの関係があるものとする。

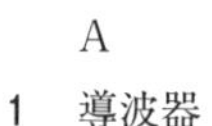

	A	B	C
1	導波器	放射器	反射器
2	導波器	反射器	放射器
3	反射器	放射器	導波器
4	反射器	導波器	放射器

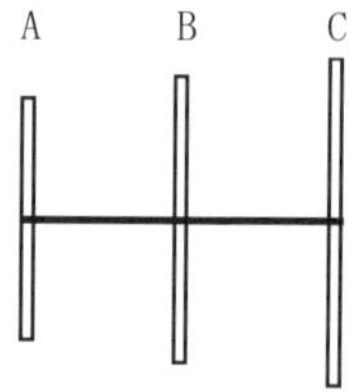

〔4〕 超短波（VHF）帯では、一般にアンテナの高さを高くした方が電波の到達距離が延びるのはなぜか。

1　見通し距離が延びるから。

2　地表波の減衰が少なくなるから。

3　対流圏散乱波が伝わりやすくなるから。

4　スポラジックE層（Es層）の反射によって伝わりやすくなるから。

〔5〕蓄電池のアンペア時〔Ah〕は、何を表すか。

1　定格電流　　2　起電力　　3　内部抵抗　　4　容量

〔6〕アナログ方式の回路計（テスタ）のゼロオーム調整つまみは、何を測定するときに必要となるか。

1　静電容量　　2　抵抗　　3　電流　　4　電圧

〔7〕振幅変調（A3E）波と比べたときの周波数変調（F3E）波の占有周波数帯幅の一般的な特徴は、次のうちどれか。

1　同じ　　2　広い　　3　狭い　　4　半分

〔8〕　次の記述は、アナログ通信方式と比べたときのデジタル通信方式の一般的な特徴について述べたものである。誤っているものを下の番号から選べ。

1　雑音の影響を受けにくい。

2　ネットワークやコンピュータとの親和性がよい。

3　信号処理による遅延がない。

4　受信側で誤り訂正を行うことができる。

〔9〕　次の記述は、デジタル変調について述べたものである。□内に入れるべき字句は次のうちどれか。

FSKは、ベースバンド信号に応じて搬送波の周波数を切り替える方式である。また、4値FSKは、1回の変調（シンボル）で□ビットの情報を伝送できる。

1　2　　2　3　　3　4　　4　5

〔10〕図は、デジタル無線受信装置の概念図例を示したものである。□内に入れるべき字句を下の番号から選べ。

1　周波数変換器

2　IDC回路

3　AFC回路

4　D/A変換器

〔11〕スーパヘテロダイン受信機の周波数変換部の働きは、次のうちどれか。

1　受信周波数を中間周波数に変える。　　2　中間周波数を音声周波数に変える。

3　音声周波数を中間周波数に変える。　　4　受信周波数を音声周波数に変える。

〔12〕FM（F3E）送受信機において、電波が発射されるのは、次のうちどれか。

1　電源スイッチを接（ON）にしたとき。
2　プレストークボタンを押したとき。
3　スケルチを動作させたとき。
4　プレストークボタンを離したとき。

▶ 解答・解説

問　題	解　答	問　題	解　答	問　題	解　答	問　題	解　答
〔1〕	2	〔2〕	3	〔3〕	1	〔4〕	1
〔5〕	4	〔6〕	2	〔7〕	2	〔8〕	3
〔9〕	1	〔10〕	4	〔11〕	1	〔12〕	2

〔1〕

電力の式 $P=E^2/R$ において R を3倍にすると、

$$P=\frac{E^2}{3R}=\frac{1}{3}\times\frac{E^2}{R}$$

となり、消費電力は $\frac{1}{3}$ 倍となる。

〔4〕

超短波以上の周波数の電波は電離層を突き抜けてしまうので、到達距離は、通常、見通し距離内である。地球は丸いのでアンテナの高さによって見通し距離は変わる。

〔5〕

電池の容量は〔Ah〕（アンペア時）で表され、取り出すことのできる電流 I〔A〕とその時間 h〔時間〕の積である。電池の容量を W とすれば $W=I\times h$ となる。

〔8〕

3　信号処理による遅延が生じる。

令和４年２月期

〔1〕 次の電気に関する単位のうち、誤っているのはどれか。

1	電流〔A〕	2	インダクタンス〔Wb〕
3	静電容量〔F〕	4	抵抗〔Ω〕

〔2〕 電界効果トランジスタ（FET）の電極と一般の接合形トランジスタの電極の組合せで、その働きが対応しているのはどれか。

1	ドレイン	ベース	2	ゲート	ベース
3	ドレイン	エミッタ	4	ソース	コレクタ

〔3〕 図に示すアンテナの名称と l の長さの組合せで、正しいのはどれか。

	名称	l の長さ
1	ホイップアンテナ	$\frac{1}{4}$ 波長
2	ホイップアンテナ	$\frac{1}{2}$ 波長
3	スリーブアンテナ	$\frac{1}{4}$ 波長
4	スリーブアンテナ	$\frac{1}{2}$ 波長

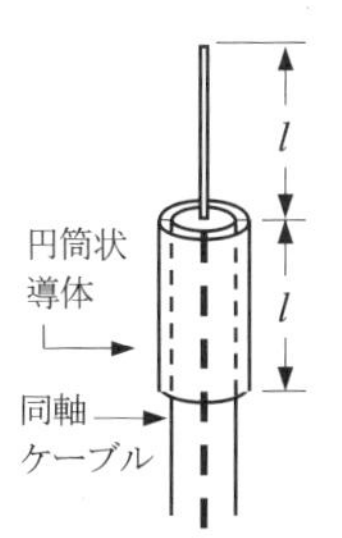

〔4〕 次の記述の［　　］内に入れるべき字句の組合せで、正しいのはどれか。

電波の伝搬速度は、光の速さと同じで1秒間に3×［ A ］メートルである。また、同一波形が1秒間に繰り返される回数を［ B ］という。

	A	B		A	B
1	10^8	周期	2	10^8	周波数
3	10^{10}	周波数	4	10^{10}	周期

〔5〕 鉛蓄電池の取扱い上の注意として、誤っているのはどれか。

1 過放電させないこと。

2 日光の当たる場所に置かないこと。

3 電解液が少なくなったら蒸留水を補充すること。

4 常に過充電すること。

〔6〕 アナログ方式の回路計（テスタ）で直流抵抗を測定するときの準備の手順で正しいのはどれか。

1 測定レンジを選ぶ→0〔Ω〕調整をする→テストリード（テスト棒）を短絡する。

2 0〔Ω〕調整をする→測定レンジを選ぶ→テストリード（テスト棒）を短絡する。

3 測定レンジを選ぶ→テストリード（テスト棒）を短絡する→0〔Ω〕調整をする。

4 テストリード（テスト棒）を短絡する→0〔Ω〕調整をする→測定レンジを選ぶ。

〔7〕 AM（A3E）通信方式と比べたときのFM（F3E）通信方式の一般的な特徴で、正しいのはどれか。

1 占有周波数帯幅が広い。　　2 搬送波を抑圧している。

3 雑音の影響を受けやすい。　　4 装置の回路構成が簡単である。

〔8〕 次の記述は、アナログ通信方式と比べたときのデジタル通信方式の一般的な特徴について述べたものである。誤っているものを下の番号から選べ。

1 雑音の影響を受けにくい。

2 ネットワークやコンピュータとの親和性がよい。

3 信号処理による遅延がない。

4 受信側で誤り訂正を行うことができる。

〔9〕 次の記述は、デジタル変調について述べたものである。[　　]内に入れるべき字句は次のうちどれか。

FSKは、ベースバンド信号に応じて搬送波の周波数を切り替える方式である。また、4値FSKは、1回の変調（シンボル）で[　　]ビットの情報を伝送できる。

1 4　　2 3　　3 2　　4 1

〔10〕 図は、デジタル無線送信装置の概念図例を示したものである。[　　]内に入れるべき字句を下の番号から選べ。

1 A/D変換器

2 周波数変調器

3 IDC回路

4 AFC回路

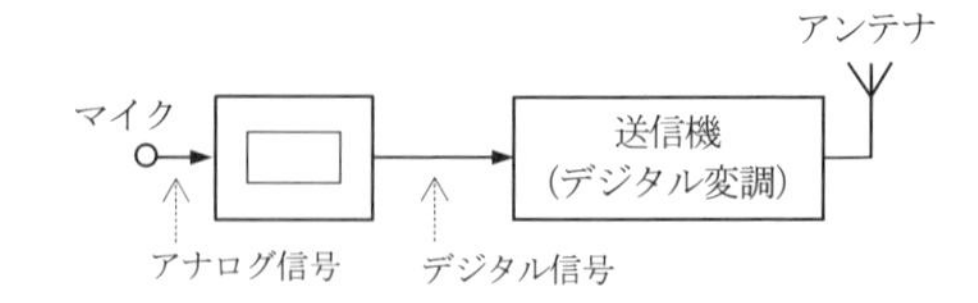

〔11〕 スーパヘテロダイン受信機において、近接周波数による混信を軽減するには、どのようにするのが最も効果的か。

1 AGC 回路を断（OFF）にする。
2 中間周波増幅器に適切な特性の帯域フィルタ（BPF）を用いる。
3 高周波増幅器の利得を下げる。
4 局部発振器に水晶発振器を用いる。

〔12〕 FM（F3E）送受信機において、電波が発射されるのは、次のうちどれか。

1 電源スイッチを接（ON）にしたとき。
2 スケルチを動作させたとき。
3 プレストークボタンを離したとき。
4 プレストークボタンを押したとき。

▶ 解答・解説

問 題	解 答	問 題	解 答	問 題	解 答	問 題	解 答
〔1〕	2	〔2〕	2	〔3〕	3	〔4〕	2
〔5〕	4	〔6〕	3	〔7〕	1	〔8〕	3
〔9〕	3	〔10〕	1	〔11〕	2	〔12〕	4

〔1〕

2 インダクタンス〔H〕

〔H〕をヘンリーと読む。

〔2〕

ゲートはベース、ドレインはコレクタ、ソースはエミッタに対応する。

〔5〕

4 **充電は規定電流で規定時間行うこと。**

〔7〕

2～4について、正しくは以下のとおり。

2　搬送波を抑圧**していない**。

3　雑音の影響を受け**にくい**。

4　装置の回路構成が**多少複雑**である。

〔8〕

3　信号処理による遅延が**生じる**。

〔11〕

帯域フィルタの帯域幅を切り換えることのできる受信機の場合には、帯域幅を狭くして近接している周波数の混信をなくす。

国内電信級陸上特殊無線技士 法規

ご注意

各設問に対する答は、出題時点での法令等に準拠して解答しております。

試験概要

試験問題：問題数／12問
合格基準：満　点／60点　合格点／40点
配点内訳：1　問／5点

平成30年2月期

〔1〕 無線局の免許人は、無線設備の変更の工事をしようとするときは、総務省令で定める場合を除き、どうしなければならないか。次のうちから選べ。

1　あらかじめ総務大臣の許可を受ける。
2　変更の工事に係る図面を添えて総務大臣に届け出る。
3　口頭でその旨を総務大臣に連絡する。
4　あらかじめ総務大臣に届け出る。

〔2〕 次の記述は、無線従事者の免許証について述べたものである。電波法施行規則の規定に照らし、□内に入れるべき字句を下の番号から選べ。

無線従事者は、その業務に従事しているときは、免許証を□していなければならない。

1　携帯　　2　通信室に掲示
3　無線局に保管　　4　その無線局の免許人に預託

〔3〕 無線局の免許人が電波法又は電波法に基づく命令に違反したときに総務大臣が行うことができる処分はどれか。次のうちから選べ。

1　期間を定めて行う電波の型式の制限
2　期間を定めて行う通信の相手方又は通信事項の制限
3　3箇月以内の期間を定めて行う無線局の運用の停止
4　再免許の拒否

〔4〕 総務大臣は、無線局の発射する電波の質が総務省令で定めるものに適合していないと認めるときは、その無線局に対してどのような処分を行うことができるか。次のうちから選べ。

1　免許を取り消す。　　2　空中線の撤去を命ずる。
3　周波数又は空中線電力の指定を変更する。　　4　臨時に電波の発射の停止を命ずる。

〔5〕 無線局の免許がその効力を失ったときは、免許人であった者は、その免許状をどうしなければならないか。次のうちから選べ。

1　直ちに廃棄する。　　2　3箇月以内に総務大臣に返納する。
3　2年間保管する。　　4　1箇月以内に総務大臣に返納する。

〔6〕 固定局に備え付けておかなければならない書類はどれか。次のうちから選べ。

1 無線従事者免許証
2 免許状
3 無線局の免許の申請書の写し
4 無線設備等の点検実施報告書の写し

〔7〕 無線局を運用する場合においては、空中線電力は、遭難通信を行う場合を除き、どれによらなければならないか。次のうちから選べ。

1 無線局の免許の申請書に記載したもの
2 通信の相手方となる無線局が要求するもの
3 免許状に記載されたものの範囲内で通信を行うため必要最小のもの
4 免許状に記載されたものの範囲内で通信を行うため必要最大のもの

〔8〕 空中線電力50ワットの固定局の無線設備を使用して呼出しを行う場合において、確実に連絡の設定ができると認められるときの呼出しは、どれによることができるか。次のうちから選べ。

1 相手局の呼出符号　3回以下
2 (1) 相手局の呼出符号　3回以下
　(2) DE　1回
3 (1) DE　1回
　(2) 自局の呼出符号　3回以下
4 自局の呼出符号　3回以下

〔9〕 無線局がなるべく擬似空中線回路を使用しなければならないのはどの場合か。次のうちから選べ。

1 工事設計書に記載した空中線を使用できないとき。
2 無線設備の機器の試験又は調整を行うために運用するとき。
3 他の無線局の通信に混信を与えるおそれがあるとき。
4 総務大臣の行う無線局の検査のために運用するとき。

〔10〕 無線局が相手局を呼び出そうとする場合（遭難通信等を行う場合を除く。）において、他の通信に混信を与えるおそれがあるときは、どのようにしなければならないか。次のうちから選べ。

1 自局の行おうとする通信が急を要する内容のものであれば、直ちに呼出しを行う。
2 現に通信を行っている他の無線局の通信に対する混信の程度を確かめてから呼出しを行う。
3 その通信が終了した後に呼出しを行う。

4　5分間以上待って呼出しを行う。

〔11〕 次の記述は、秘密の保護について述べたものである。電波法の規定に照らし、□内に入れるべき字句を下の番号から選べ。

何人も法律に別段の定めがある場合を除くほか、□行われる無線通信を傍受してその存在若しくは内容を漏らし、又はこれを窃用してはならない。

1　総務大臣が告示する無線局に対して　　2　総務省令で定める周波数により
3　特定の相手方に対して　　4　すべての無線局に対して

〔12〕 モールス無線通信において、応答に際して直ちに通報を受信しようとするときに、応答事項の次に送信する略符号はどれか。次のうちから選べ。

1　K　　2　R　　3　OK　　4　RPT

▶ **解答・根拠**

問題	解答	根　　拠
〔1〕	1	変更等の許可（法17条）
〔2〕	1	免許証の携帯（施行38条）
〔3〕	3	無線局の運用の停止等（法76条）
〔4〕	4	電波の発射の停止（法72条）
〔5〕	4	免許状の返納（法24条）
〔6〕	2	備付けを要する業務書類（施行38条）
〔7〕	3	無線局の運用（空中線電力）（法54条）
〔8〕	1	呼出し（運用20条）、呼出し又は応答の簡易化（運用126条の2）
〔9〕	2	擬似空中線回路の使用（法57条）
〔10〕	3	発射前の措置（運用19条の2）
〔11〕	3	秘密の保護（法59条）
〔12〕	1	応答（運用23条）

平成30年6月期

〔1〕 無線局の免許状に記載される事項に該当しないものはどれか。次のうちから選べ。

1 免許人の氏名又は名称及び住所　　2 無線局の目的

3 空中線の型式及び構成　　4 通信の相手方及び通信事項

〔2〕 次の記述は、「無線従事者」の定義である。電波法の規定に照らし、□内に入れるべき字句を下の番号から選べ。

「無線従事者」とは、□であって、総務大臣の免許を受けたものをいう。

1 無線設備の操作又はその監督を行う者　　2 無線局に配置された者

3 無線局を管理する者　　4 無線局を運用する者

〔3〕 無線局の免許人が電波法又は電波法に基づく命令に違反したときに総務大臣が行うことができる処分はどれか。次のうちから選べ。

1 期間を定めて行う空中線電力の制限

2 期間を定めて行う電波の型式の制限

3 再免許の拒否

4 期間を定めて行う通信の相手方又は通信事項の制限

〔4〕 総務大臣から臨時に電波の発射の停止の命令を受けた無線局は、その発射する電波の質を総務省令に適合するように措置したときは、どうしなければならないか。次のうちから選べ。

1 電波の発射について総務大臣の許可を受ける。

2 直ちにその電波を発射する。

3 その旨を総務大臣に申し出る。

4 他の無線局の通信に混信を与えないことを確かめた後、電波を発射する。

〔5〕 無線局の免許人は、無線従事者を選任し、又は解任したときは、どうしなければならないか。次のうちから選べ。

1 1箇月以内にその旨を総務大臣に報告する。

2 遅滞なく、その旨を総務大臣に届け出る。

3 速やかに、総務大臣の承認を受ける。

4 2週間以内にその旨を総務大臣に届け出る。

〔6〕 固定局に備え付けておかなければならない書類はどれか。次のうちから選べ。

1 無線従事者免許証
2 無線従事者選解任届の写し
3 無線設備等の点検実施報告書の写し
4 免許状

〔7〕 次の記述は、秘密の保護について述べたものである。電波法の規定に照らし、［　　］内に入れるべき字句を下の番号から選べ。

何人も法律に別段の定めがある場合を除くほか、［　　］を傍受してその存在若しくは内容を漏らし、又はこれを窃用してはならない。

1 特定の相手方に対して行われる暗語による無線通信
2 特定の相手方に対して行われる無線通信
3 総務省令で定める周波数を使用して行われる無線通信
4 総務省令で定める周波数を使用して行われる暗語による無線通信

〔8〕 モールス無線通信において、相手局に対し通報の反復を求めようとするときは、どうしなければならないか。次のうちから選べ。

1 反復する箇所を繰り返し送信する。
2 反復する箇所の次に「RPT」を送信する。
3 「RPT」を送信する。
4 「RPT」の次に反復する箇所を示す。

〔9〕 非常の場合の無線通信において、モールス無線通信により連絡を設定するための呼出しは、どのように行うか。次のうちから選べ。

1 呼出事項の次に「$\overline{\text{OSO}}$」3回を送信する。
2 呼出事項の次に「$\overline{\text{OSO}}$」2回を送信する。
3 呼出事項に「$\overline{\text{OSO}}$」1回を前置する。
4 呼出事項に「$\overline{\text{OSO}}$」3回を前置する。

〔10〕 和文のモールス無線通信において、「$\overline{\text{ラタ}}$」を使用するのはどの場合か。次のうちから選べ。

1 通報のないことを通知しようとするとき。
2 周波数の変更を完了したとき。
3 通報の送信を終わるとき。
4 通信が終了したとき。

〔11〕 一般通信方法における無線通信の原則として無線局運用規則に定める事項に該当するものはどれか。次のうちから選べ。

1 無線通信は、有線通信を利用することができないときに限り行うものとする。

2　無線通信を行う場合においては、略符号以外の用語を使用してはならない。
3　無線通信は、正確に行うものとし、通信上の誤りを知ったときは、直ちに訂正しなければならない。
4　無線通信は、長時間継続して行ってはならない。

〔12〕 無線局は、自局の呼出しが他の既に行われている通信に混信を与える旨の通知を受けたときは、どうしなければならないか。次のうちから選べ。
1　直ちにその呼出しを中止する。
2　中止の要求があるまで呼出しを反復する。
3　空中線電力をなるべく小さくして注意しながら呼出しを行う。
4　混信の度合いが強いときに限り、直ちにその呼出しを中止する。

▶ **解答・根拠**

問題	解答	根　　拠
〔1〕	3	免許状（記載事項）（法14条）
〔2〕	1	無線従事者の定義（法2条）
〔3〕	1	無線局の運用の停止等（法76条）
〔4〕	3	電波の発射の停止（法72条）
〔5〕	2	無線従事者の選解任届（法51条）
〔6〕	4	備付けを要する業務書類（施行38条）
〔7〕	2	秘密の保護（法59条）
〔8〕	4	通報の反復（運用32条）
〔9〕	4	前置符号（$\overline{\text{OSO}}$）（運用131条）
〔10〕	3	通報の送信（運用29条）
〔11〕	3	無線通信の原則（運用10条）
〔12〕	1	呼出しの中止（運用22条）

平成30年10月期

〔1〕 次の記述は、電波法の目的である。［　　］内に入れるべき字句を下の番号から選べ。

この法律は、電波の公平かつ［　　］な利用を確保することによって、公共の福祉を増進することを目的とする。

1　能率的　　2　経済的　　3　積極的　　4　能動的

〔2〕 総務大臣が無線従事者の免許を与えないことができる者は、無線従事者の免許を取り消され、取消しの日からどれほどの期間を経過しないものか。次のうちから選べ。

1　1年　　2　2年　　3　3年　　4　5年

〔3〕 無線局の臨時検査（電波法第73条第5項の検査）において検査されることがあるものはどれか。次のうちから選べ。

1　無線従事者の知識及び技能　　2　無線従事者の勤務状況
3　無線従事者の資格及び員数　　4　無線従事者の住所及び氏名

〔4〕 無線局の免許人が電波法又は電波法に基づく命令に違反したときに総務大臣が行うことができる処分はどれか。次のうちから選べ。

1　通信の相手方の制限　　2　電波の型式の制限
3　無線従事者の業務の従事停止　　4　無線局の運用の停止

〔5〕 無線局の免許がその効力を失ったときは、免許人であった者は、その免許状をどうしなければならないか。次のうちから選べ。

1　1箇月以内に総務大臣に返納する。　　2　直ちに廃棄する。
3　3箇月以内に総務大臣に返納する。　　4　2年間保管する。

〔6〕 固定局に備え付けておかなければならない書類はどれか。次のうちから選べ。

1　無線従事者免許証　　2　免許状
3　無線従事者選解任届の写し　　4　無線設備等の点検実施報告書の写し

〔7〕 次の記述は、秘密の保護について述べたものである。電波法の規定に照らし、［　　］内に入れるべき字句を下の番号から選べ。

何人も法律に別段の定めがある場合を除くほか、［　　］を傍受してその存在若しくは内容を漏らし、又はこれを窃用してはならない。

1　特定の相手方に対して行われる暗語による無線通信
2　総務省令で定める周波数を使用して行われる無線通信
3　総務省令で定める周波数を使用して行われる暗語による無線通信
4　特定の相手方に対して行われる無線通信

〔8〕「$\overline{\mathrm{OSO}}$」を前置した呼出しを受信した無線局は、応答する場合を除き、どうしなければならないか。次のうちから選べ。

1　直ちに付近の無線局に通報する。
2　すべての電波の発射を停止する。
3　直ちに非常災害対策本部に通知する。
4　混信を与えるおそれのある電波の発射を停止して傍受する。

〔9〕一般通信方法における無線通信の原則として無線局運用規則に定める事項に該当するものはどれか。次のうちから選べ。

1　無線通信は、有線通信を利用することができないときに限り行うものとする。
2　無線通信を行う場合においては、略符号以外の用語を使用してはならない。
3　無線通信は、正確に行うものとし、通信上の誤りを知ったときは、直ちに訂正しなければならない。
4　無線通信は、長時間継続して行ってはならない。

〔10〕モールス無線通信において、呼出しに使用した電波と同一の電波により通報を送信する場合に順次送信する事項のうちその送信を省略することができるのはどれか。次のうちから選べ。

1　相手局の呼出符号　　1回
2　(1)　相手局の呼出符号　　1回
　(2)　DE　　1回
3　(1)　相手局の呼出符号　　1回
　(2)　DE　　1回
　(3)　自局の呼出符号　　1回
4　(1)　DE　　1回
　(2)　自局の呼出符号　　1回

〔11〕非常通信の取扱いを開始した後、有線通信の状態が復旧した場合は、どうしなければならないか。次のうちから選べ。

1　速やかにその取扱いを停止する。

2　非常の事態に応じて適宜な措置をとる。

3　なるべくその取扱いを停止する。

4　現に有する通報を送信した後、その取扱いを停止する。

〔12〕 モールス無線通信において、通報を確実に受信したときに送信することになっている略符号はどれか。次のうちから選べ。

1　$\overline{\text{ラタ}}$　　2　TU　　3　R　　4　$\overline{\text{VA}}$

▶ 解答・根拠

問題	解答	根　　拠
〔1〕	1	電波法の目的（法1条）
〔2〕	2	無線従事者の免許を与えない場合（法42条）
〔3〕	3	検査（法73条）
〔4〕	4	無線局の運用の停止等（法76条）
〔5〕	1	免許状の返納（法24条）
〔6〕	2	備付けを要する業務書類（施行38条）
〔7〕	4	秘密の保護（法59条）
〔8〕	4	$\overline{\text{OSO}}$を受信した場合の措置（運用132条）
〔9〕	3	無線通信の原則（運用10条）
〔10〕	3	通報の送信（運用29条）
〔11〕	1	取扱の停止（運用136条）
〔12〕	3	受信証（運用37条）

平成３１年２月期

〔1〕 無線局の免許状に記載される事項に該当しないものはどれか。次のうちから選べ。

1 空中線の型式及び構成　　2 通信の相手方及び通信事項

3 無線設備の設置場所　　4 無線局の目的

〔2〕 無線従事者がその免許証を総務大臣に返納しなければならないのはどの場合か。次のうちから選べ。

1 無線従事者の免許を受けてから５年を経過したとき。

2 無線通信の業務に従事することを停止されたとき。

3 ５年以上無線設備の操作を行わなかったとき。

4 免許証を失ったためにその再交付を受けた後失った免許証を発見したとき。

〔3〕 無線局の免許人が電波法又は電波法に基づく命令に違反したときに総務大臣が行うことができる処分はどれか。次のうちから選べ。

1 電波の型式の制限　　2 通信の相手方又は通信事項の制限

3 無線局の運用の停止　　4 再免許の拒否

〔4〕 総務大臣から臨時に電波の発射の停止の命令を受けた無線局は、その発射する電波の質を総務省令に適合するように措置したときは、どうしなければならないか。次のうちから選べ。

1 電波の発射について総務大臣の許可を受ける。

2 直ちにその電波を発射する。

3 その旨を総務大臣に申し出る。

4 他の無線局の通信に混信を与えないことを確かめた後、電波を発射する。

〔5〕 無線局の免許人は、無線従事者を選任し、又は解任したときは、どうしなければならないか。次のうちから選べ。

1 １箇月以内にその旨を総務大臣に報告する。

2 遅滞なく、その旨を総務大臣に届け出る。

3 速やかに、総務大臣の承認を受ける。

4 ２週間以内にその旨を総務大臣に届け出る。

〔6〕 無線局の免許がその効力を失ったときは、免許人であった者は、その免許状をどうしなければならないか。次のうちから選べ。

1　1箇月以内に総務大臣に返納する。　　2　直ちに廃棄する。
3　2年間保管する。　　4　3箇月以内に総務大臣に返納する。

〔7〕 次の記述は、秘密の保護について述べたものである。電波法の規定に照らし、□内に入れるべき字句を下の番号から選べ。

何人も法律に別段の定めがある場合を除くほか、□を傍受してその存在若しくは内容を漏らし、又はこれを窃用してはならない。

1　特定の相手方に対して行われる無線通信
2　特定の相手方に対して行われる暗語による無線通信
3　総務省令で定める周波数を使用して行われる無線通信
4　総務省令で定める周波数を使用して行われる暗語による無線通信

〔8〕 「$\overline{\text{OSO}}$」を前置した呼出しを受信した無線局は、応答する場合を除き、どうしなければならないか。次のうちから選べ。

1　直ちに付近の無線局に通報する。
2　すべての電波の発射を停止する。
3　直ちに非常災害対策本部に通知する。
4　混信を与えるおそれのある電波の発射を停止して傍受する。

〔9〕 無線局を運用する場合においては、遭難通信を行う場合を除き、電波の型式及び周波数は、どの書類に記載されたところによらなければならないか。次のうちから選べ。

1　免許状　　2　無線局事項書の写し
3　免許証　　4　無線局の免許の申請書の写し

〔10〕 モールス無線通信において、呼出しに使用した電波と同一の電波により通報を送信する場合に順次送信する事項のうちその送信を省略することができるものはどれか。次のうちから選べ。

1　相手局の呼出符号　　1回
2　(1)　相手局の呼出符号　　1回
　(2)　DE　　1回
3　(1)　相手局の呼出符号　　1回
　(2)　DE　　1回
　(3)　自局の呼出符号　　1回

国内陸特法規

4　(1)　DE　　　　　　　　1回
　　(2)　自局の呼出符号　　　1回

〔11〕 非常通信の取扱いを開始した後、有線通信の状態が復旧した場合は、どうしなければならないか。次のうちから選べ。

1　なるべくその取扱いを停止する。

2　非常の事態に応じて適当な措置をとる。

3　速やかにその取扱いを停止する。

4　現に有する通報を送信した後、その取扱いを停止する。

〔12〕 モールス無線通信において、応答に際して直ちに通報を受信しようとするときに応答事項の次に送信する略符号はどれか。次のうちから選べ。

1　K　　　2　R　　　3　OK　　　4　RPT

▶ 解答・根拠

問題	解答	根　　拠
〔1〕	1	免許状（記載事項）（法14条）
〔2〕	4	免許証の返納（従事者51条）
〔3〕	3	無線局の運用の停止等（法76条）
〔4〕	3	電波の発射の停止（法72条）
〔5〕	2	無線従事者の選解任届（法51条）
〔6〕	1	免許状の返納（法24条）
〔7〕	1	秘密の保護（法59条）
〔8〕	4	$\overline{\text{OSO}}$ を受信した場合の措置（運用132条）
〔9〕	1	免許状記載事項の遵守（法53条）
〔10〕	3	通報の送信（運用29条）
〔11〕	3	取扱の停止（運用136条）
〔12〕	1	応答（運用23条）

令和元年6月期

〔1〕 無線局の免許状に記載される事項に該当しないものはどれか。次のうちから選べ。

1 空中線の型式及び構成　　2 免許人の氏名又は名称及び住所

3 無線局の目的　　4 通信の相手方及び通信事項

〔2〕 無線従事者は、免許の取消しの処分を受けたときは、その処分を受けた日から何日以内にその免許証を総務大臣に返納しなければならないか。次のうちから選べ。

1 7日　　2 10日　　3 14日　　4 30日

〔3〕 無線局の免許人が電波法又は電波法に基づく命令に違反したときに総務大臣が行うことができる処分はどれか。次のうちから選べ。

1 期間を定めて行う電波の型式の制限

2 再免許の拒否

3 期間を定めて行う空中線電力の制限

4 期間を定めて行う通信の相手方又は通信事項の制限

〔4〕 総務大臣が無線局に対して臨時に電波の発射の停止を命ずることができるのはどの場合か。次のうちから選べ。

1 運用の停止を命じた無線局を運用していると認めるとき。

2 免許状に記載された空中線電力の範囲を超えて無線局を運用していると認めるとき。

3 無線局の発射する電波が他の無線局の通信に混信を与えていると認めるとき。

4 無線局の発射する電波の質が総務省令で定めるものに適合していないと認めるとき。

〔5〕 無線局の免許がその効力を失ったときは、免許人であった者は、その免許状をどうしなければならないか。次のうちから選べ。

1 2年間保管する。　　2 遅滞なく廃棄する。

3 3箇月以内に総務大臣に返納する。　　4 1箇月以内に総務大臣に返納する。

〔6〕 無線局の免許人は、主任無線従事者を選任し、又は解任したときは、どうしなければならないか。次のうちから選べ。

1 3箇月以内にその旨を総務大臣に報告する。

2 遅滞なく、その旨を総務大臣に届け出る。

3 1箇月以内にその旨を総務大臣に届け出る。

4　2週間以内にその旨を総務大臣に報告する。

〔7〕 モールス無線通信の手送りによる和文の通報の送信速度の標準は、1分間について何字と規定されているか。次のうちから選べ。

1　85字　　2　75字　　3　60字　　4　50字

〔8〕 モールス無線通信において、通報を確実に受信したときに送信することになっている略符号はどれか。次のうちから選べ。

1　$\overline{\text{ラタ}}$　　2　TU　　3　$\overline{\text{VA}}$　　4　R

〔9〕 モールス無線通信において、呼出しに使用した電波と同一の電波により通報を送信する場合に順次送信する事項のうちその送信を省略することができるものはどれか。次のうちから選べ。

1　(1) 相手局の呼出符号　1回
　　(2) DE　1回
　　(3) 自局の呼出符号　1回
2　相手局の呼出符号　1回
3　(1) 相手局の呼出符号　1回
　　(2) DE　1回
4　(1) DE　1回
　　(2) 自局の呼出符号　1回

〔10〕 一般通信方法における無線通信の原則として無線局運用規則に定める事項に該当しないものはどれか。次のうちから選べ。

1　無線通信は、迅速に行うものとし、できる限り短時間に終わるようにしなければならない。
2　無線通信は、正確に行うものとし、通信上の誤りを知ったときは、直ちに訂正しなければならない。
3　必要のない無線通信は、これを行ってはならない。
4　無線通信に使用する用語は、できる限り簡潔でなければならない。

〔11〕 「$\overline{\text{OSO}}$」を前置した呼出しを受信した無線局は、応答する場合を除き、どうしなければならないか。次のうちから選べ。

1　直ちに付近の無線局に通報する。
2　混信を与えるおそれのある電波の発射を停止して傍受する。

3　直ちに非常災害対策本部に通知する。

4　すべての電波の発射を停止する。

〔12〕 無線局は、自局の呼出しが他の既に行われている通信に混信を与える旨の通知を受けたときは、どうしなければならないか。次のうちから選べ。

1　空中線電力をなるべく小さくして注意しながら呼出しを行う。

2　中止の要請があるまで呼出しを反復する。

3　混信の度合いが強いときに限り、直ちにその呼出しを中止する。

4　直ちにその呼出しを中止する。

▶ **解答・根拠**

問題	解答	根　　拠
〔1〕	1	免許状（記載事項）（法14条）
〔2〕	2	免許証の返納（従事者51条）
〔3〕	3	無線局の運用の停止等（法76条）
〔4〕	4	電波の発射の停止（法72条）
〔5〕	4	免許状の返納（法24条）
〔6〕	2	主任無線従事者の選解任届（法39条）
〔7〕	2	送信速度等（運用15条）
〔8〕	4	受信証（運用37条）
〔9〕	1	通報の送信（運用29条）
〔10〕	1	無線通信の原則（運用10条）
〔11〕	2	$\overline{\text{OSO}}$ を受信した場合の措置（運用132条）
〔12〕	4	呼出しの中止（運用22条）

令和元年10月期

〔1〕 再免許を受けた固定局の免許の有効期間は何年か。次のうちから選べ。

1　3年　　2　4年　　3　5年　　4　10年

〔2〕 無線従事者は、免許証を失ったためにその再交付を受けた後、失った免許証を発見したときはどうしなければならないか。次のうちから選べ。

1　発見した日から10日以内に再交付を受けた免許証を総務大臣に返納する。
2　発見した日から10日以内にその旨を総務大臣に届け出る。
3　発見した日から10日以内に発見した免許証を総務大臣に返納する。
4　速やかに、発見した免許証を廃棄する。

〔3〕 無線局の免許人が電波法又は電波法に基づく命令に違反したときに総務大臣が行うことができる処分はどれか。次のうちから選べ。

1　通信事項の制限　　2　無線局の運用の停止
3　電波の型式の制限　　4　再免許の拒否

〔4〕 無線局の臨時検査（電波法第73条第5項の検査）において検査されることがあるものはどれか。次のうちから選べ。

1　無線従事者の勤務状況　　2　無線従事者の業務経歴
3　無線従事者の知識及び技能　　4　無線従事者の資格及び員数

〔5〕 無線局の免許がその効力を失ったときは、免許人であった者は、その免許状をどうしなければならないか。次のうちから選べ。

1　1箇月以内に総務大臣に返納する。　　2　適当な時期に総務大臣に返納する。
3　直ちに廃棄する。　　4　2年間保管する。

〔6〕 無線局の免許人は、無線従事者を選任し、又は解任したときは、どうしなければならないか。次のうちから選べ。

1　1箇月以内にその旨を総務大臣に報告する。
2　速やかに、総務大臣の承認を受ける。
3　2週間以内にその旨を総務大臣に届け出る。
4　遅滞なく、その旨を総務大臣に届け出る。

〔7〕 次の記述は、秘密の保護について述べたものである。電波法の規定に照らし、[　　]内に入れるべき字句を下の番号から選べ。

何人も法律に別段の定めがある場合を除くほか、[　　]を傍受してその存在若しくは内容を漏らし、又はこれを窃用してはならない。

1 特定の相手方に対して行われる暗語による無線通信
2 総務省令で定める周波数を使用して行われる無線通信
3 総務省令で定める周波数を使用して行われる暗語による無線通信
4 特定の相手方に対して行われる無線通信

〔8〕 モールス無線通信において、相手局に対し通報の反復を求めようとするときは、どうしなければならないか。次のうちから選べ。

1 反復する箇所を繰り返し送信する。
2 反復する箇所の次に「RPT」を送信する。
3 「RPT」を送信する。
4 「RPT」の次に反復する箇所を示す。

〔9〕 非常の場合の無線通信において、モールス無線通信により連絡を設定するための呼出しは、どのように行うか。次のうちから選べ。

1 呼出事項の次に「$\overline{\text{OSO}}$」3回を送信する。
2 呼出事項の次に「$\overline{\text{OSO}}$」2回を送信する。
3 呼出事項に「$\overline{\text{OSO}}$」3回を前置する。
4 呼出事項に「$\overline{\text{OSO}}$」1回を前置する。

〔10〕 和文のモールス無線通信において、「$\overline{\text{ラタ}}$」を使用するのはどの場合か。次のうちから選べ。

1 通報のないことを通知しようとするとき。
2 周波数の変更を完了したとき。
3 通報の送信を終わるとき。
4 通信が終了したとき。

〔11〕 一般通信方法における無線通信の原則として無線局運用規則に定める事項に該当するものはどれか。次のうちから選べ。

1 無線通信における通報の送信は、試験電波を発射した後でなければ行ってはならない。
2 無線通信は、正確に行うものとし、通信上の誤りを知ったときは、直ちに訂正しなければならない。

3 無線通信を行う場合においては、略符号以外の用語を使用してはならない。

4 無線通信は、長時間継続して行ってはならない。

〔12〕 無線局は、自局の呼出しが他の既に行われている通信に混信を与える旨の通知を受けたときは、どうしなければならないか。次のうちから選べ。

1 直ちにその呼出しを中止する。

2 中止の要求があるまで呼出しを反復する。

3 空中線電力をなるべく小さくして注意しながら呼出しを行う。

4 混信の度合いが強いときに限り、直ちにその呼出しを中止する。

▶ 解答・根拠

問題	解答	根　拠
〔1〕	3	免許の有効期間（法13条、施行7条）
〔2〕	3	免許証の返納（従事者51条）
〔3〕	2	無線局の運用の停止等（法76条）
〔4〕	4	検査（法73条）
〔5〕	1	免許状の返納（法24条）
〔6〕	4	無線従事者の選解任届（法51条）
〔7〕	4	秘密の保護（法59条）
〔8〕	4	通報の反復（運用32条）
〔9〕	3	前置符号（$\overline{\text{OSO}}$）（運用131条）
〔10〕	3	通報の送信（運用29条）
〔11〕	2	無線通信の原則（運用10条）
〔12〕	1	呼出しの中止（運用22条）

令和２年２月期

〔1〕 無線局の免許人は、無線設備の変更の工事をしようとするときは、総務省令で定める場合を除き、どうしなければならないか。次のうちから選べ。

1　変更の工事に係る図面を添えて総務大臣に届け出る。
2　あらかじめ総務大臣の指示を受ける。
3　あらかじめ総務大臣の許可を受ける。
4　あらかじめ総務大臣にその旨を届け出る。

〔2〕 次の記述は、「無線従事者」の定義である。電波法の規定に照らし、□内に入れるべき字句を下の番号から選べ。

「無線従事者」とは、□であって、総務大臣の免許を受けたものをいう。

1　無線設備の操作又はその監督を行う者　　2　無線局に配置された者
3　無線局を管理する者　　4　無線局を運用する者

〔3〕 総務大臣から無線従事者がその免許を取り消されることがあるのはどの場合か。次のうちから選べ。

1　電波法に違反したとき。
2　免許証を失ったとき。
3　日本の国籍を有しない者となったとき。
4　引き続き５年以上無線設備の操作を行わなかったとき。

〔4〕 総務大臣は、無線局の発射する電波の質が総務省令で定めるものに適合していないと認めるときは、その無線局に対してどのような処分を行うことができるか。次のうちから選べ。

1　免許を取り消す。
2　空中線の撤去を命ずる。
3　臨時に電波の発射の停止を命ずる。
4　周波数又は空中線電力の指定を変更する。

〔5〕 無線局の免許がその効力を失ったときは、免許人であった者は、その免許状をどうしなければならないか。次のうちから選べ。

1　直ちに廃棄する。　　2　１箇月以内に総務大臣に返納する。
3　３箇月以内に総務大臣に返納する。　　4　２年間保管する。

〔6〕 無線局の免許人は、主任無線従事者を選任し、又は解任したときは、どうしなければならないか。次のうちから選べ。

1 遅滞なく、その旨を総務大臣に届け出る。

2 ３箇月以内にその旨を総務大臣に報告する。

3 １箇月以内にその旨を総務大臣に届け出る。

4 ２週間以内にその旨を総務大臣に報告する。

〔7〕 モールス無線通信において、相手局に対し通報の反復を求めようとするときは、どうしなければならないか。次のうちから選べ。

1 反復する箇所を繰り返し送信する。

2 「ＲＰＴ」の次に反復する箇所を示す。

3 反復する箇所の次に「ＲＰＴ」を送信する。

4 「ＲＰＴ」を送信する。

〔8〕 空中線電力50ワットの固定局の無線設備を使用して呼出しを行う場合において、確実に連絡の設定ができると認められるときの呼出しは、どれによることができるか。次のうちから選べ。

1 (1) 相手局の呼出符号　　3回以下
  (2) ＤＥ　　1回

2 (1) ＤＥ　　1回
  (2) 自局の呼出符号　　3回以下

3 自局の呼出符号　　3回以下

4 相手局の呼出符号　　3回以下

〔9〕 無線局を運用する場合においては、遭難通信を行う場合を除き、空中線電力は、どれによらなければならないか。次のうちから選べ。

1 免許状に記載されたものの範囲内で通信を行うため必要最小のもの

2 免許状に記載されたものの範囲内で通信を行うため必要最大のもの

3 通信の相手方となる無線局が要求するもの

4 無線局の免許の申請書に記載したもの

〔10〕 無線局が相手局を呼び出そうとする場合（遭難通信等を行う場合を除く。）において、他の通信に混信を与えるおそれがあるときは、どうしなければならないか。次のうちから選べ。

1　自局の行おうとする通信が急を要する内容のものであれば、直ちに呼出しを行う。

2　現に通信を行っている他の無線局の通信に対する混信の程度を確かめてから呼出しを行う。

3　その通信が終了した後に呼出しを行う。

4　５分間以上待って呼出しを行う。

〔11〕 モールス無線通信の手送りによる和文の通報の送信速度の標準は、1分間について何字と規定されているか。次のうちから選べ。

1　50字　　2　60字　　3　75字　　4　85字

〔12〕 モールス無線通信において、応答に際して直ちに通報を受信しようとするときに応答事項の次に送信する略符号はどれか。次のうちから選べ。

1　K　　2　R　　3　OK　　4　$\overline{\text{AS}}$

▶ 解答・根拠

問題	解答	根　　拠
〔1〕	3	変更等の許可（法17条）
〔2〕	1	無線従事者の定義（法2条）
〔3〕	1	無線従事者の免許の取消し等（法79条）
〔4〕	3	電波の発射の停止（法72条）
〔5〕	2	免許状の返納（法24条）
〔6〕	1	主任無線従事者の選解任届（法39条）
〔7〕	2	通報の反復（運用32条）
〔8〕	4	呼出し（運用20条）、呼出し又は応答の簡易化（運用126条の2）
〔9〕	1	無線局の運用（空中線電力）（法54条）
〔10〕	3	発射前の措置（運用19条の2）
〔11〕	3	送信速度等（運用15条）
〔12〕	1	応答（運用23条）

令和２年10月期

〔1〕 無線局の免許状に記載される事項に該当しないものはどれか。次のうちから選べ。

1　無線設備の設置場所　　2　無線局の目的

3　空中線の型式及び構成　　4　通信の相手方及び通信事項

〔2〕 総務大臣が無線従事者の免許を与えないことができる者は、無線従事者の免許を取り消され、取消しの日からどれほどの期間を経過しないものか。次のうちから選べ。

1　１年　　2　３年　　3　２年　　4　５年

〔3〕 無線従事者が電波法又は電波法に基づく命令に違反したときに総務大臣から受けることがある処分はどれか。次のうちから選べ。

1　その業務に従事する無線局の運用の停止

2　無線従事者の免許の取消し

3　期間を定めて行う無線設備の操作範囲の制限

4　６箇月間の業務の従事の停止

〔4〕 無線局の臨時検査（電波法第73条第５項の検査）において検査されることがあるものはどれか。次のうちから選べ。

1　無線従事者の知識及び技能　　2　無線従事者の勤務状況

3　無線従事者の資格及び員数　　4　無線従事者の住所及び氏名

〔5〕 無線局の免許がその効力を失ったときは、免許人であった者は、その免許状をどうしなければならないか。次のうちから選べ。

1　直ちに廃棄する。　　2　１箇月以内に総務大臣に返納する。

3　３箇月以内に総務大臣に返納する。　　4　２年間保管する。

〔6〕 無線局の免許人は、主任無線従事者を選任し、又は解任したときは、どうしなければならないか。次のうちから選べ。

1　３箇月以内にその旨を総務大臣に報告する。

2　１箇月以内にその旨を総務大臣に届け出る。

3　２週間以内にその旨を総務大臣に報告する。

4　遅滞なく、その旨を総務大臣に届け出る。

〔7〕 無線局が、無線設備の機器の試験又は調整を行うために運用するときに、なるべく使用しなければならないものはどれか。次のうちから選べ。

1 擬似空中線回路　　2 水晶発振回路
3 高調波除去装置　　4 空中線電力の低下装置

〔8〕 一般通信方法における無線通信の原則として無線局運用規則に定める事項に該当するものはどれか。次のうちから選べ。

1 無線通信における通報の送信は、試験電波を発射した後でなければ行ってはならない。
2 無線通信は、長時間継続して行ってはならない。
3 無線通信を行う場合においては、略符号以外の用語を使用してはならない。
4 必要のない無線通信は、これを行ってはならない。

〔9〕 非常通信の取扱いを開始した後、有線通信の状態が復旧した場合は、どうしなければならないか。次のうちから選べ。

1 なるべくその取扱いを停止する。
2 速やかにその取扱いを停止する。
3 非常の事態に応じて適当な措置をとる。
4 現に有する通報を送信した後、その取扱いを停止する。

〔10〕 和文のモールス無線通信において、「ラタ」を使用するのはどの場合か。次のうちから選べ。

1 通信が終了したとき。
2 周波数の変更を完了したとき。
3 通報の送信を終わるとき。
4 通報がないことを通知しようとするとき。

〔11〕 モールス無線通信において、応答に際して直ちに通報を受信しようとするときに応答事項の次に送信する略符号はどれか。次のうちから選べ。

1 R　　2 K　　3 OK　　4 RPT

〔12〕 次の記述は、秘密の保護について述べたものである。電波法の規定に照らし、[　　]内に入れるべき字句を下の番号から選べ。

何人も法律に別段の定めがある場合を除くほか、[　　]を傍受してその存在若しくは内容を漏らし、又はこれを窃用してはならない。

1　特定の相手方に対して行われる無線通信
2　総務省令で定める周波数により行われる無線通信
3　特定の相手方に対して暗語により行われる無線通信
4　総務省令で定める周波数を使用して行われる暗語による無線通信

▶ 解答・根拠

問題	解答	根　　拠
〔1〕	3	免許状（記載事項）（法14条）
〔2〕	3	無線従事者の免許を与えない場合（法42条）
〔3〕	2	無線従事者の免許の取消し等（法79条）
〔4〕	3	検査（法73条）
〔5〕	2	免許状の返納（法24条）
〔6〕	4	主任無線従事者の選解任届（法39条）
〔7〕	1	擬似空中線回路の使用（法57条）
〔8〕	4	無線通信の原則（運用10条）
〔9〕	2	取扱の停止（運用136条）
〔10〕	3	通報の送信（運用29条）
〔11〕	2	応答（運用23条）
〔12〕	1	秘密の保護（法59条）

令和３年２月期

〔1〕 次の記述は、電波法の目的である。□内に入れるべき字句を下の番号から選べ。

この法律は、電波の公平かつ□な利用を確保することによって、公共の福祉を増進することを目的とする。

1 能率的　　2 能動的　　3 経済的　　4 積極的

〔2〕 無線従事者は、免許証を失ったためにその再交付を受けた後、失った免許証を発見したときはどうしなければならないか。次のうちから選べ。

1 発見した日から10日以内に再交付を受けた免許証を総務大臣に返納する。
2 発見した日から10日以内にその旨を総務大臣に届け出る。
3 発見した免許証を速やかに廃棄する。
4 発見した日から10日以内に発見した免許証を総務大臣に返納する。

〔3〕 無線局の免許人が電波法又は電波法に基づく命令に違反したときに総務大臣が行うことができる処分はどれか。次のうちから選べ。

1 通信事項の制限　　2 電波の型式の制限
3 無線局の運用の停止　　4 再免許の拒否

〔4〕 無線局の定期検査（電波法第73条第１項の検査）において検査される事項に該当しないものはどれか。次のうちから選べ。

1 無線設備　　2 時計及び書類
3 無線従事者の資格及び員数　　4 無線従事者の知識及び技能

〔5〕 無線局の免許がその効力を失ったときは、免許人であった者は、その免許状をどうしなければならないか。次のうちから選べ。

1 １箇月以内に総務大臣に返納する。
2 直ちに廃棄する。
3 ２年間保管する。
4 ３箇月以内に総務大臣に返納する。

〔6〕 無線局の免許人は、無線従事者を選任し、又は解任したときは、どうしなければならないか。次のうちから選べ。

1　速やかに総務大臣の承認を受ける。
2　遅滞なく、その旨を総務大臣に届け出る。
3　10日以内にその旨を総務大臣に報告する。
4　１箇月以内にその旨を総務大臣に届け出る。

〔7〕　無線局を運用する場合においては、遭難通信を行う場合を除き、空中線電力は、どれによらなければならないか。次のうちから選べ。
1　無線局の免許の申請書に記載したもの
2　通信の相手方となる無線局が要求するもの
3　免許状に記載されたものの範囲内で通信を行うため必要最小のもの
4　免許状に記載されたものの範囲内で通信を行うため必要最大のもの

〔8〕　空中線電力50ワットの固定局の無線設備を使用して呼出しを行う場合において、確実に連絡の設定ができると認められるときの呼出しは、どれによることができるか。次のうちから選べ。

1	相手局の呼出符号		３回以下
2	(1)	相手局の呼出符号	３回以下
	(2)	ＤＥ	１回
3	(1)	ＤＥ	１回
	(2)	自局の呼出符号	３回以下
4	自局の呼出符号		３回以下

〔9〕　無線局がなるべく擬似空中線回路を使用しなければならないのはどの場合か。次のうちから選べ。
1　工事設計書に記載した空中線を使用できないとき。
2　無線設備の機器の試験又は調整を行うために運用するとき。
3　他の無線局の通信に混信を与えるおそれがあるとき。
4　総務大臣の行う無線局の検査のために運用するとき。

〔10〕　無線局が相手局を呼び出そうとする場合（遭難通信等を行う場合を除く。）において、他の通信に混信を与えるおそれがあるときは、どうしなければならないか。次のうちから選べ。
1　自局の行おうとする通信が急を要する内容のものであれば、直ちに呼出しを行う。
2　現に通信を行っている他の無線局の通信に対する混信の程度を確かめてから呼出しを行う。

3　その通信が終了した後に呼出しを行う。

4　５分間以上待って呼出しを行う。

〔11〕 次の記述は、秘密の保護について述べたものである。電波法の規定に照らし、□内に入れるべき字句を下の番号から選べ。

何人も法律に別段の定めがある場合を除くほか、□行われる無線通信を傍受してその存在若しくは内容を漏らし、又はこれを窃用してはならない。

1　総務大臣が告示する無線局に対して　　2　総務省令で定める周波数により
3　特定の相手方に対して　　4　すべての無線局に対して

〔12〕 モールス無線通信において、応答に際して直ちに通報を受信しようとするときに応答事項の次に送信する略符号はどれか。次のうちから選べ。

1　K　　2　R　　3　OK　　4　RPT

▶ 解答・根拠

問題	解答	根　　拠
〔1〕	1	電波法の目的（法1条）
〔2〕	4	免許証の返納（従事者51条）
〔3〕	3	無線局の運用の停止等（法76条）
〔4〕	4	検査（法73条）
〔5〕	1	免許状の返納（法24条）
〔6〕	2	無線従事者の選解任届（法51条）
〔7〕	3	無線局の運用（空中線電力）（法54条）
〔8〕	1	呼出し（運用20条）、呼出し又は応答の簡易化（運用126条の2）
〔9〕	2	擬似空中線回路の使用（法57条）
〔10〕	3	発射前の措置（運用19条の2）
〔11〕	3	秘密の保護（法59条）
〔12〕	1	応答（運用23条）

令和３年６月期

〔1〕 無線局の免許人は、無線設備の変更の工事をしようとするときは、総務省令で定める場合を除き、どうしなければならないか。次のうちから選べ。

1　あらかじめ総務大臣の許可を受ける。

2　変更の工事に係る図面を添えて総務大臣に届け出る。

3　口頭でその旨を総務大臣に連絡する。

4　あらかじめ総務大臣に届け出る。

〔2〕 次の記述は、無線従事者の免許証について述べたものである。電波法施行規則の規定に照らし、□内に入れるべき字句を下の番号から選べ。

無線従事者は、その業務に従事しているときは、免許証を□していなければならない。

1　携帯　　2　通信室に掲示

3　無線局に保管　　4　その無線局の免許人に預託

〔3〕 無線局の免許人が電波法又は電波法に基づく命令に違反したときに総務大臣が行うことができる処分はどれか。次のうちから選べ。

1　電波の型式の制限　　2　通信の相手方又は通信事項の制限

3　無線局の運用の停止　　4　再免許の拒否

〔4〕 総務大臣は、無線局の発射する電波の質が総務省令で定めるものに適合していないと認めるときは、その無線局に対してどのような処分を行うことができるか。次のうちから選べ。

1　無線局の免許を取り消す。

2　空中線の撤去を命ずる。

3　周波数又は空中線電力の指定を変更する。

4　臨時に電波の発射の停止を命ずる。

〔5〕 無線局の免許がその効力を失ったときは、免許人であった者は、その免許状をどうしなければならないか。次のうちから選べ。

1　直ちに廃棄する。　　2　３箇月以内に総務大臣に返納する。

3　２年間保管する。　　4　１箇月以内に総務大臣に返納する。

〔6〕 固定局に備え付けておかなければならない書類はどれか。次のうちから選べ。

1　免許証　　2　免許状

3　無線従事者選解任届の写し　　4　無線設備等の点検実施報告書の写し

〔7〕 次の記述は、秘密の保護について述べたものである。電波法の規定に照らし、□□内に入れるべき字句を下の番号から選べ。

何人も法律に別段の定めがある場合を除くほか、□□を傍受してその存在若しくは内容を漏らし、又はこれを窃用してはならない。

1　特定の相手方に対して行われる暗語による無線通信

2　特定の相手方に対して行われる無線通信

3　総務省令で定める周波数を使用して行われる無線通信

4　総務省令で定める周波数を使用して行われる暗語による無線通信

〔8〕 モールス無線通信において、相手局に対し通報の反復を求めようとするときは、どうしなければならないか。次のうちから選べ。

1　反復する箇所を繰り返し送信する。

2　反復する箇所の次に「ＲＰＴ」を送信する。

3　「ＲＰＴ」を送信する。

4　「ＲＰＴ」の次に反復する箇所を示す。

〔9〕 非常の場合の無線通信において、モールス無線通信により連絡を設定するための呼出しは、どのように行うか。次のうちから選べ。

1　呼出事項の次に「ＯＳＯ」3回を送信する。

2　呼出事項の次に「ＯＳＯ」2回を送信する。

3　呼出事項に「ＯＳＯ」1回を前置する。

4　呼出事項に「ＯＳＯ」3回を前置する。

〔10〕 和文のモールス無線通信において、「ラタ」を使用するのはどの場合か。次のうちから選べ。

1　通報がないことを通知しようとするとき。

2　周波数の変更を完了したとき。

3　通報の送信を終わるとき。

4　通信が終了したとき。

〔11〕 一般通信方法における無線通信の原則として無線局運用規則に定める事項に該当するものはどれか。次のうちから選べ。

1 無線通信は、有線通信を利用することができないときに限り行うものとする。

2 無線通信を行う場合においては、略符号以外の用語を使用してはならない。

3 無線通信は、正確に行うものとし、通信上の誤りを知ったときは、直ちに訂正しなければならない。

4 無線通信は、長時間継続して行ってはならない。

〔12〕 無線局は、自局の呼出しが他の既に行われている通信に混信を与える旨の通知を受けたときは、どうしなければならないか。次のうちから選べ。

1 直ちにその呼出しを中止する。

2 中止の要求があるまで呼出しを反復する。

3 空中線電力をなるべく小さくして注意しながら呼出しを行う。

4 混信の度合いが強いときに限り、直ちにその呼出しを中止する。

▶ **解答・根拠**

問題	解答	根　　拠
〔1〕	1	変更等の許可（法17条）
〔2〕	1	免許証の携帯（施行38条）
〔3〕	3	無線局の運用の停止等（法76条）
〔4〕	4	電波の発射の停止（法72条）
〔5〕	4	免許状の返納（法24条）
〔6〕	2	備付けを要する業務書類（施行38条）
〔7〕	2	秘密の保護（法59条）
〔8〕	4	通報の反復（運用32条）
〔9〕	4	前置符号（$\overline{\text{OSO}}$）（運用131条）
〔10〕	3	通報の送信（運用29条）
〔11〕	3	無線通信の原則（運用10条）
〔12〕	1	呼出しの中止（運用22条）

令和3年10月期

〔1〕 無線局の免許状に記載される事項に該当しないものはどれか。次のうちから選べ。

1 免許人の氏名又は名称及び住所　2 無線局の目的

3 空中線の型式及び構成　4 通信の相手方及び通信事項

〔2〕 次の記述は、「無線従事者」の定義である。電波法の規定に照らし、□内に入れるべき字句を下の番号から選べ。

「無線従事者」とは、□であって、総務大臣の免許を受けたものをいう。

1 無線設備の操作又はその監督を行う者　2 無線局に配置された者

3 無線局を管理する者　4 無線局を運用する者

〔3〕 無線局の免許人が電波法又は電波法に基づく命令に違反したときに総務大臣が行うことができる処分はどれか。次のうちから選べ。

1 期間を定めて行う空中線電力の制限

2 期間を定めて行う電波の型式の制限

3 再免許の拒否

4 期間を定めて行う通信の相手方又は通信事項の制限

〔4〕 総務大臣から臨時に電波の発射の停止の命令を受けた無線局は、その発射する電波の質を総務省令に適合するように措置したときは、どうしなければならないか。次のうちから選べ。

1 電波の発射について総務大臣の許可を受ける。

2 直ちにその電波を発射する。

3 その旨を総務大臣に申し出る。

4 他の無線局の通信に混信を与えないことを確かめた後、電波を発射する。

〔5〕 無線局の免許人は、無線従事者を選任し、又は解任したときは、どうしなければならないか。次のうちから選べ。

1 1箇月以内にその旨を総務大臣に報告する。

2 遅滞なく、その旨を総務大臣に届け出る。

3 速やかに総務大臣の承認を受ける。

4 2週間以内にその旨を総務大臣に届け出る。

〔6〕 固定局に備え付けておかなければならない書類はどれか。次のうちから選べ。

1 免許証　　2 無線従事者選解任届の写し

3 無線設備等の点検実施報告書の写し　　4 免許状

〔7〕 無線局を運用する場合においては、遭難通信を行う場合を除き、識別信号（呼出符号、呼出名称等をいう。）は、どの書類に記載されたところによらなければならないか。次のうちから選べ。

1 無線局の免許の申請書の写し　　2 無線局事項書の写し

3 免許状　　4 免許証

〔8〕 一般通信方法における無線通信の原則として無線局運用規則に定める事項に該当するものはどれか。次のうちから選べ。

1 必要のない無線通信は、これを行ってはならない。

2 無線通信は、試験電波を発射した後でなければ行ってはならない。

3 無線通信は、長時間継続して行ってはならない。

4 無線通信を行う場合においては、略符号以外の用語を使用してはならない。

〔9〕 非常の場合の無線通信において、モールス無線通信により連絡を設定するための呼出しは、どのように行うか。次のうちから選べ。

1 呼出事項に「$\overline{\text{OSO}}$」1回を前置する。

2 呼出事項に「$\overline{\text{OSO}}$」3回を前置する。

3 呼出事項の次に「$\overline{\text{OSO}}$」2回を送信する。

4 呼出事項の次に「$\overline{\text{OSO}}$」3回を送信する。

〔10〕 和文のモールス無線通信において、「$\overline{\text{ラタ}}$」を使用するのはどの場合か。次のうちから選べ。

1 通報の送信を終わるとき。

2 通信が終了したとき。

3 周波数の変更を完了したとき。

4 通報がないことを通知しようとするとき。

〔11〕 モールス無線通信の手送りによる和文の通報の送信速度の標準は、1分間について何字と規定されているか。次のうちから選べ。

1 85字　　2 75字　　3 60字　　4 50字

〔12〕次の記述は、秘密の保護について述べたものである。電波法の規定に照らし、□内に入れるべき字句を下の番号から選べ。

何人も法律に別段の定めがある場合を除くほか、□を傍受してその存在若しくは内容を漏らし、又はこれを窃用してはならない。

1 総務省令で定める周波数を使用して行われる無線通信
2 特定の相手方に対して行われる暗語による無線通信
3 総務省令で定める周波数を使用して行われる暗語による無線通信
4 特定の相手方に対して行われる無線通信

▶ 解答・根拠

問題	解答	根　拠
〔1〕	3	免許状（記載事項）（法14条）
〔2〕	1	無線従事者の定義（法2条）
〔3〕	1	無線局の運用の停止等（法76条）
〔4〕	3	電波の発射の停止（法72条）
〔5〕	2	無線従事者の選解任届（法51条）
〔6〕	4	備付けを要する業務書類（施行38条）
〔7〕	3	免許状記載事項の遵守（法53条）
〔8〕	1	無線通信の原則（運用10条）
〔9〕	2	前置符号（$\overline{\text{OSO}}$）（運用131条）
〔10〕	1	通報の送信（運用29条）
〔11〕	2	送信速度等（運用15条）
〔12〕	4	秘密の保護（法59条）

令和４年２月期

〔1〕 無線局の免許状に記載される事項に該当しないものはどれか。次のうちから選べ。

1 空中線の型式及び構成　　2 通信の相手方及び通信事項

3 無線設備の設置場所　　4 無線局の目的

〔2〕 無線従事者がその免許証を総務大臣に返納しなければならないのはどの場合か。次のうちから選べ。

1 無線従事者の免許を受けてから５年を経過したとき。

2 無線通信の業務に従事することを停止されたとき。

3 ５年以上無線設備の操作を行わなかったとき。

4 免許証を失ったためにその再交付を受けた後失った免許証を発見したとき。

〔3〕 無線局の免許人が電波法又は電波法に基づく命令に違反したときに総務大臣が行うことができる処分はどれか。次のうちから選べ。

1 電波の型式の制限　　2 通信の相手方又は通信事項の制限

3 無線局の運用の停止　　4 再免許の拒否

〔4〕 総務大臣から臨時に電波の発射の停止の命令を受けた無線局は、その発射する電波の質を総務省令に適合するように措置したときは、どうしなければならないか。次のうちから選べ。

1 電波の発射について総務大臣の許可を受ける。

2 直ちにその電波を発射する。

3 その旨を総務大臣に申し出る。

4 他の無線局の通信に混信を与えないことを確かめた後、電波を発射する。

〔5〕 無線局の免許人は、無線従事者を選任し、又は解任したときは、どうしなければならないか。次のうちから選べ。

1 １箇月以内にその旨を総務大臣に報告する。

2 遅滞なく、その旨を総務大臣に届け出る。

3 速やかに総務大臣の承認を受ける。

4 ２週間以内にその旨を総務大臣に届け出る。

〔6〕 無線局の免許がその効力を失ったときは、免許人であった者は、その免許状をどう

しなければならないか。次のうちから選べ。

1　１箇月以内に総務大臣に返納する。　　2　直ちに廃棄する。

3　２年間保管する。　　4　３箇月以内に総務大臣に返納する。

〔7〕 次の記述は、秘密の保護について述べたものである。電波法の規定に照らし、□内に入れるべき字句を下の番号から選べ。

何人も法律に別段の定めがある場合を除くほか、□を傍受してその存在若しくは内容を漏らし、又はこれを窃用してはならない。

1　特定の相手方に対して行われる暗語による無線通信

2　総務省令で定める周波数を使用して行われる無線通信

3　総務省令で定める周波数を使用して行われる暗語による無線通信

4　特定の相手方に対して行われる無線通信

〔8〕 「$\overline{\text{OSO}}$」を前置した呼出しを受信した無線局は、応答する場合を除き、どうしなければならないか。次のうちから選べ。

1　直ちに付近の無線局に通報する。

2　すべての電波の発射を停止する。

3　直ちに非常災害対策本部に通知する。

4　混信を与えるおそれのある電波の発射を停止して傍受する。

〔9〕 一般通信方法における無線通信の原則として無線局運用規則に定める事項に該当するものはどれか。次のうちから選べ。

1　無線通信は、有線通信を利用することができないときに限り行うものとする。

2　無線通信を行う場合においては、略符号以外の用語を使用してはならない。

3　無線通信は、正確に行うものとし、通信上の誤りを知ったときは、直ちに訂正しなければならない。

4　無線通信は、長時間継続して行ってはならない。

〔10〕 モールス無線通信において、呼出しに使用した電波と同一の電波により通報を送信する場合に順次送信する事項のうちその送信を省略することができるものはどれか。次のうちから選べ。

1　相手局の呼出符号　１回

2　(1)　相手局の呼出符号　１回
　(2)　ＤＥ　１回

3　(1)　相手局の呼出符号　１回
　(2)　ＤＥ　１回
　(3)　自局の呼出符号　１回

4　(1)　ＤＥ　１回
　(2)　自局の呼出符号　１回

〔11〕非常通信の取扱いを開始した後、有線通信の状態が復旧した場合は、どうしなければならないか。次のうちから選べ。

1　速やかにその取扱いを停止する。

2　非常の事態に応じて適当な措置をとる。

3　なるべくその取扱いを停止する。

4　現に有する通報を送信した後、その取扱いを停止する。

〔12〕モールス無線通信において、通報を確実に受信したときに送信することになっている略符号はどれか。次のうちから選べ。

1　$\overline{\text{ラタ}}$　　2　TU　　3　R　　4　$\overline{\text{VA}}$

▶ 解答・根拠

問題	解答	根　　拠
〔1〕	1	免許状（記載事項）（法14条）
〔2〕	4	免許証の返納（従事者51条）
〔3〕	3	無線局の運用の停止等（法76条）
〔4〕	3	電波の発射の停止（法72条）
〔5〕	2	無線従事者の選解任届（法51条）
〔6〕	1	免許状の返納（法24条）
〔7〕	4	秘密の保護（法59条）
〔8〕	4	（$\overline{\text{OSO}}$）を受信した場合の措置（運用132条）
〔9〕	3	無線通信の原則（運用10条）
〔10〕	3	通報の送信（運用29条）
〔11〕	1	取扱の停止（運用136条）
〔12〕	3	受信証（運用37条）

令和4年6月期

〔1〕 次の記述は、電波法の目的である。[　　]内に入れるべき字句を下の番号から選べ。

この法律は、電波の公平かつ[　　]な利用を確保することによって、公共の福祉を増進することを目的とする。

1　能率的　　2　経済的　　3　積極的　　4　能動的

〔2〕 総務大臣が無線従事者の免許を与えないことができる者は、無線従事者の免許を取り消され、取消しの日からどれほどの期間を経過しないものか。次のうちから選べ。

1　1年　　2　2年　　3　3年　　4　5年

〔3〕 無線局の臨時検査（電波法第73条第5項の検査）において検査されることがあるものはどれか。次のうちから選べ。

1　無線従事者の知識及び技能　　2　無線従事者の勤務状況

3　無線従事者の資格及び員数　　4　無線従事者の住所及び氏名

〔4〕 無線局の免許人が電波法又は電波法に基づく命令に違反したときに総務大臣が行うことができる処分はどれか。次のうちから選べ。

1　通信の相手方の制限　　2　電波の型式の制限

3　無線従事者の業務の従事停止　　4　無線局の運用の停止

〔5〕 無線局の免許がその効力を失ったときは、免許人であった者は、その免許状をどうしなければならないか。次のうちから選べ。

1　1箇月以内に総務大臣に返納する。　　2　直ちに廃棄する。

3　3箇月以内に総務大臣に返納する。　　4　2年間保管する。

〔6〕 固定局に備え付けておかなければならない書類はどれか。次のうちから選べ。

1　免許証　　2　免許状

3　無線従事者選解任届の写し　　4　無線設備等の点検実施報告書の写し

〔7〕 一般通信方法における無線通信の原則として無線局運用規則に定める事項に該当しないものはどれか。次のうちから選べ。

1　必要のない無線通信は、これを行ってはならない。

2　無線通信は、正確に行うものとし、通信上の誤りを知ったときは、通報の送信終了後一括して訂正しなければならない。

3　無線通信に使用する用語は、できる限り簡潔でなければならない。

4　無線通信を行うときは、自局の識別信号を付して、その出所を明らかにしなければならない。

〔8〕　無線局がなるべく擬似空中線回路を使用しなければならないのはどの場合か。次のうちから選べ。

1　工事設計書に記載した空中線を使用できないとき。

2　他の無線局の通信に混信を与えるおそれがあるとき。

3　総務大臣の行う無線局の検査のために運用するとき。

4　無線設備の機器の試験又は調整を行うために運用するとき。

〔9〕　モールス無線通信の手送りによる和文の通報の送信速度の標準は、1分間について何字と規定されているか。次のうちから選べ。

1　60字　　2　50字　　3　85字　　4　75字

〔10〕　空中線電力50ワットの固定局の無線設備を使用して呼出しを行う場合において、確実に連絡の設定ができると認められるときの呼出しは、どれによることができるか。次のうちから選べ。

1　(1)　相手局の呼出符号　　3回以下
　　(2)　ＤＥ　　1回

2　(1)　ＤＥ　　1回
　　(2)　自局の呼出符号　　3回以下

3　相手局の呼出符号　　3回以下

4　自局の呼出符号　　3回以下

〔11〕　「$\overline{\text{ＯＳＯ}}$」を前置した呼出しを受信した無線局は、応答する場合を除き、どうしなければならないか。次のうちから選べ。

1　混信を与えるおそれのある電波の発射を停止して傍受する。

2　直ちに付近の無線局に通報する。

3　直ちに非常災害対策本部に通知する。

4　すべての電波の発射を停止する。

〔12〕　無線局は、自局の呼出しが他の既に行われている通信に混信を与える旨の通知を受けたときは、どうしなければならないか。次のうちから選べ。

1　空中線電力をなるべく小さくして注意しながら呼出しを行う。
2　中止の要求があるまで呼出しを反復する。
3　直ちにその呼出しを中止する。
4　混信の度合いが強いときに限り、直ちにその呼出しを中止する。

▶ 解答・根拠

問題	解答	根　　拠
〔1〕	1	電波法の目的（法1条）
〔2〕	2	無線従事者の免許を与えない場合（法42条）
〔3〕	3	検査（法73条）
〔4〕	4	無線局の運用の停止等（法76条）
〔5〕	1	免許状の返納（法24条）
〔6〕	2	備付けを要する業務書類（施行38条）
〔7〕	2	無線通信の原則（運用10条）
〔8〕	4	擬似空中線回路の使用（法57条）
〔9〕	4	送信速度等（運用15条）
〔10〕	3	呼出し（運用20条）、呼出し及び応答の簡易化（運用126条の2）
〔11〕	1	（$\overline{\text{OSO}}$）を受信した場合の措置（運用132条）
〔12〕	3	呼出しの中止（運用22条）

令和４年10月期

〔1〕 無線局の免許人は、無線設備の変更の工事をしようとするときは、総務省令で定める場合を除き、どうしなければならないか。次のうちから選べ。

1 あらかじめ総務大臣の許可を受ける。

2 あらかじめ総務大臣の指示を受ける。

3 あらかじめ総務大臣にその旨を届け出る。

4 変更の工事に係る図面を添えて総務大臣に届け出る。

〔2〕 次の記述は、無線従事者の免許証について述べたものである。電波法施行規則の規定に照らし、□内に入れるべき字句を下の番号から選べ。

無線従事者は、その業務に従事しているときは、免許証を□していなければならない。

1 携帯　　2 通信室に掲示

3 無線局に保管　　4 その無線局の免許人に預託

〔3〕 無線局の定期検査（電波法第73条第１項の検査）において検査される事項に該当しないものはどれか。次のうちから選べ。

1 無線設備　　2 時計及び書類

3 無線従事者の知識及び技能　　4 無線従事者の資格及び員数

〔4〕 無線従事者が電波法又は電波法に基づく命令に違反したときに総務大臣から受けることがある処分はどれか。次のうちから選べ。

1 期間を定めて行う無線設備の操作範囲の制限

2 ６箇月間の業務の従事の停止

3 その業務に従事する無線局の運用の停止

4 無線従事者の免許の取消し

〔5〕 無線局の免許がその効力を失ったときは、免許人であった者は、その免許状をどうしなければならないか。次のうちから選べ。

1 １箇月以内に総務大臣に返納する。　　2 ３箇月以内に総務大臣に返納する。

3 ２年間保管する。　　4 直ちに廃棄する。

〔6〕 固定局に備え付けておかなければならない書類はどれか。次のうちから選べ。

1　無線従事者選解任届の写し　　2　無線設備等の点検実施報告書の写し

3　免許証　　4　免許状

〔7〕 無線局を運用する場合においては、遭難通信を行う場合を除き、空中線電力は、どれによらなければならないか。次のうちから選べ。

1　免許状に記載されたものの範囲内で通信を行うため必要最小のもの

2　免許状に記載されたものの範囲内で通信を行うため必要最大のもの

3　無線局の免許の申請書に記載したもの

4　通信の相手方となる無線局が要求するもの

〔8〕 次の記述は、秘密の保護について述べたものである。電波法の規定に照らし、[　　]内に入れるべき字句を下の番号から選べ。

何人も法律に別段の定めがある場合を除くほか、[　　]を傍受してその存在若しくは内容を漏らし、又はこれを窃用してはならない。

1　総務省令で定める周波数を使用して行われる暗語による無線通信

2　総務省令で定める周波数を使用して行われる無線通信

3　特定の相手方に対して行われる暗語による無線通信

4　特定の相手方に対して行われる無線通信

〔9〕 一般通信方法における無線通信の原則として無線局運用規則に定める事項に該当するものはどれか。次のうちから選べ。

1　必要のない無線通信は、これを行ってはならない。

2　無線通信を行う場合においては、略符号以外の用語を使用してはならない。

3　無線通信は、長時間継続して行ってはならない。

4　無線通信は、試験電波を発射した後でなければ行ってはならない。

〔10〕 モールス無線通信の手送りによる和文の通報の送信速度の標準は、1分間について何字と規定されているか。次のうちから選べ。

1　50字　　2　60字　　3　75字　　4　85字

〔11〕 モールス無線通信において、応答に際して直ちに通報を受信しようとするときに応答事項の次に送信する略符号はどれか。次のうちから選べ。

1　ＲＰＴ　　2　ＯＫ　　3　Ｋ　　4　Ｒ

〔12〕 非常の場合の無線通信において、モールス無線通信により連絡を設定するための呼出しは、どのように行うか。次のうちから選べ。

1 呼出事項に「$\overline{\text{O S O}}$」3回を前置する。

2 呼出事項に「$\overline{\text{O S O}}$」1回を前置する。

3 呼出事項の次に「$\overline{\text{O S O}}$」3回を送信する。

4 呼出事項の次に「$\overline{\text{O S O}}$」2回を送信する。

▶ 解答・根拠

問題	解答	根　　拠
〔1〕	1	変更等の許可（法17条）
〔2〕	1	免許証の携帯（施行38条）
〔3〕	3	検査（法73条）
〔4〕	4	無線従事者の免許の取消し等（法79条）
〔5〕	1	免許状の返納（法24条）
〔6〕	4	備付けを要する業務書類（施行38条）
〔7〕	1	無線局の運用（空中線電力）（法54条）
〔8〕	4	秘密の保護（法59条）
〔9〕	1	無線通信の原則（運用10条）
〔10〕	3	送信速度等（運用15条）
〔11〕	3	応答（運用23条）
〔12〕	1	前置符号（$\overline{\text{OSO}}$）（運用131条）

令和５年２月期

〔１〕 無線局の免許状に記載される事項に該当しないものはどれか。次のうちから選べ。

1 空中線の型式及び構成　　2 無線局の目的

3 通信の相手方及び通信事項　　4 無線設備の設置場所

〔２〕 総務大臣が無線従事者の免許を与えないことができる者は、無線従事者の免許を取り消され、取消しの日からどれほどの期間を経過しないものか。次のうちから選べ。

1 １年　　2 ２年　　3 ３年　　4 ５年

〔３〕 総務大臣から臨時に電波の発射の停止の命令を受けた無線局は、その発射する電波の質を総務省令に適合するように措置したときは、どうしなければならないか。次のうちから選べ。

1 他の無線局の通信に混信を与えないことを確かめた後、電波を発射する。

2 電波の発射について総務大臣の許可を受ける。

3 その旨を総務大臣に申し出る。

4 直ちにその電波を発射する。

〔４〕 総務大臣から無線従事者がその免許を取り消されることがあるのはどの場合か。次のうちから選べ。

1 日本の国籍を有しない者となったとき。

2 免許証を失ったとき。

3 引き続き５年以上無線設備の操作を行わなかったとき。

4 電波法に違反したとき。

〔５〕 無線局の免許がその効力を失ったときは、免許人であった者は、その免許状をどうしなければならないか。次のうちから選べ。

1 直ちに廃棄する。　　2 ３箇月以内に総務大臣に返納する。

3 ２年間保管する。　　4 １箇月以内に総務大臣に返納する。

〔６〕 無線局の免許人は、無線従事者を選任し、又は解任したときは、どうしなければならないか。次のうちから選べ。

1 ２週間以内にその旨を総務大臣に届け出る。

2 遅滞なく、その旨を総務大臣に届け出る。

3　１箇月以内にその旨を総務大臣に報告する。

4　速やかに総務大臣の承認を受ける。

〔7〕 無線局を運用する場合においては、遭難通信を行う場合を除き、電波の型式及び周波数は、どの書類に記載されたところによらなければならないか。次のうちから選べ。

1　無線局事項書の写し　　2　無線局の免許の申請書の写し

3　免許証　　4　免許状

〔8〕 無線局がなるべく擬似空中線回路を使用しなければならないのはどの場合か。次のうちから選べ。

1　工事設計書に記載した空中線を使用できないとき。

2　総務大臣の行う無線局の検査のために運用するとき。

3　他の無線局の通信に混信を与えるおそれがあるとき。

4　無線設備の機器の試験又は調整を行うために運用するとき。

〔9〕 一般通信方法における無線通信の原則として無線局運用規則に定める事項に該当するものはどれか。次のうちから選べ。

1　無線通信を行う場合においては、略符号以外の用語を使用してはならない。

2　無線通信は、長時間継続して行ってはならない。

3　無線通信は、正確に行うものとし、通信上の誤りを知ったときは、直ちに訂正しなければならない。

4　無線通信は、有線通信を利用することができないときに限り行うものとする。

〔10〕 無線局が相手局を呼び出そうとする場合（遭難通信等を行う場合を除く。）において、他の通信に混信を与えるおそれがあるときは、どうしなければならないか。次のうちから選べ。

1　現に通信を行っている他の無線局の通信に対する混信の程度を確かめてから呼出しを行う。

2　自局の行おうとする通信が急を要する内容のものであれば、直ちに呼出しを行う。

3　その通信が終了した後に呼出しを行う。

4　５分間以上待って呼出しを行う。

〔11〕 モールス無線通信において、呼出しに使用した電波と同一の電波により通報を送信する場合に順次送信する事項のうちその送信を省略することができるものはどれか。次のうちから選べ。

1 (1) 相手局の呼出符号 1回
(2) DE 1回

2 (1) 相手局の呼出符号 1回
(2) DE 1回
(3) 自局の呼出符号 1回

3 相手局の呼出符号 1回

4 (1) DE 1回
(2) 自局の呼出符号 1回

〔12〕 「$\overline{\text{OSO}}$」を前置した呼出しを受信した無線局は、応答する場合を除き、どうしなければならないか。次のうちから選べ。

1 混信を与えるおそれのある電波の発射を停止して傍受する。
2 直ちに非常災害対策本部に通知する。
3 すべての電波の発射を停止する。
4 直ちに付近の無線局に通報する。

▶ 解答・根拠

問題	解答	根　　拠
〔1〕	1	免許状（記載事項）（法14条）
〔2〕	2	無線従事者の免許を与えない場合（法42条）
〔3〕	3	電波の発射の停止（法72条）
〔4〕	4	無線従事者の免許の取消し等（法79条）
〔5〕	4	免許状の返納（法24条）
〔6〕	2	無線従事者の選解任届（法51条）
〔7〕	4	免許状記載事項の遵守（法53条）
〔8〕	4	擬似空中線回路の使用（法57条）
〔9〕	3	無線通信の原則（運用10条）
〔10〕	3	発射前の措置（運用19条の2）
〔11〕	2	通報の送信（運用29条）
〔12〕	1	（$\overline{\text{OSO}}$）を受信した場合の措置（運用132条）

無線従事者国家試験問題解答集

特 技

（一陸特を除く陸上特技）

発　行　令和５年８月25日
電　略　トモリ

編集・発行　一般財団法人　情報通信振興会
〒170－8480
東京都豊島区駒込２－３－10
電　話　（03）3940－3951（販売）
（03）3940－8900（編集）
ＦＡＸ　（03）3940－4055
振替口座　00100－９－19918
URL　https://www.dsk.or.jp/

印　刷　株式会社　エム．ティ．ディ

ISBN978-4-8076-0979-6 C3055